新农村乡村规划与建设研究

刘利轩◎著

中国水利水电出版社
www.waterpub.com.cn

·北京·

内 容 提 要

本书是在对我国乡村规划与建设实践进行深入分析和全面把握的基础上撰写而成的,不仅内容系统全面,结构清晰明确,论述科学严谨,而且具有较强的系统性、理论性、实用性和针对性,能够有效促进乡村的进一步发展。

本书具体介绍了新时期乡村规划与建设的时代背景、我国的乡村规划与建设现状、新时期乡村规划与建设的理论基础、农村人口规划与建设、农村布局与整治规划与建设、乡村产业发展规划与建设、乡村建设规划、村庄景观规划与建设、乡村生态环境保护规划与建设、社会主义新农村规划与建设、新时期乡村建设的评估与保障等内容。

本书既可以作为土木工程专业的教学用书,也可以作为乡村规划与建设者的参考用书。

图书在版编目（ＣＩＰ）数据

新时期乡村规划与建设研究 / 刘利轩著. -- 北京 ：
中国水利水电出版社，2017.5（2022.9重印）
ISBN 978-7-5170-5427-6

Ⅰ. ①新… Ⅱ. ①刘… Ⅲ. ①乡村规划－研究－中国
②城乡建设－研究－中国 Ⅳ. ①TU982.29②TU984.2

中国版本图书馆CIP数据核字(2017)第119142号

书　　　名	**新时期乡村规划与建设研究** XIN SHIQI XIANGCUN GUIHUA YU JIANSHE YANJIU
作　　　者	刘利轩　著
出版发行	中国水利水电出版社 （北京市海淀区玉渊潭南路 1 号 D 座 100038） 网址：www. waterpub. com. cn E-mail：sales@ waterpub. com. cn 电话：(010)68367658(营销中心)
经　　　售	北京科水图书销售中心(零售) 电话：(010)88383994、63202643、68545874 全国各地新华书店和相关出版物销售网点
排　　　版	北京亚吉飞数码科技有限公司
印　　　刷	天津光之彩印刷有限公司
规　　　格	170mm×240mm　16 开本　15.75 印张　204 千字
版　　　次	2017 年 8 月第 1 版　2022 年 9 月第 2 次印刷
印　　　数	2001—3001 册
定　　　价	49.00 元

前　言

我国是一个农业大国,农村人口占全国人口的一半还多。因此,自新中国成立以来,国家便高度重视农村的发展以及农民生活的改善,为此积极开展了社会主义新农村建设,并取得了重要成就,农民的生活水平和生活质量也因此不断得到提升。

近年来,全国各地的社会主义新农村建设中越来越注重美丽乡村的建设。从某种程度上来说,美丽乡村建设是社会主义新农村建设的升级版,在对社会主义新农村的建设宗旨进行秉承的基础上,又更加注重人与自然的和谐相处、农业以及农村的可持续发展等。与此同时,美丽乡村建设与社会的发展规律、农村的发展实际以及农民的发展愿望相符合。但是,美丽乡村的建设是一项十分复杂的系统工程,只有对其进行科学规划,才可能真正将乡村变得越来越美丽。基于此,作者特撰写了《新时期乡村规划与建设研究》一书。

本书共包括十章内容,第一章为绪论,着重分析了新时期乡村规划与建设的时代背景以及我国的乡村规划与建设现状;第二章对新时期乡村规划与建设的理论基础进行了详细阐述;第三章对农村人口规划与建设的相关内容进行了深入探究;第四章系统分析了农村布局与整治规划及建设的相关内容;第五章具体研究了乡村产业发展规划与建设的相关内容;第六章对乡村建设规划进行了深入研究;第七章详细分析了村庄景观的规划与建设;第八章系统分析了乡村生态环境保护规划与建设的相关内容;第九章对社会主义新农村的规划与建设进行了详细论述;第十章深入探究了新时期乡村建设评估与保障的相关内容。总体来说,本书紧紧围绕着新时期乡村规划与建设的实际展开论述,内容丰富全面,结构清晰明确,论述科学严谨,且具有较强的系统性、理论性、实用性和针对性。相信本书的出版能够在一定程度上推动乡村规划与建设的进一步深入,并促进乡村不断得到健康、持续的发展。

　　本书在撰写过程中,参考了一些有关乡村规划与建设的著作,也引用了不少专家和学者的研究成果,在此一并表示衷心的感谢。由于时间仓促,作者水平有限,书中难免存在错误与疏漏,恳请各位专家、学者不吝批评指正,欢迎广大读者多提宝贵意见,以便本书日后的修改与完善。

　　　　　　　　　　　　华北水利水电大学建筑学院　刘利轩
　　　　　　　　　　　　2017 年 3 月

目　录

第一章 绪 论

社会要和谐发展,离不开乡村的良好发展。始于 20 世纪末 21 世纪初的中国新时期乡村建设运动——新农村建设,使中国的乡村又进入了一个大变革、大转型和大发展的历史新时期。在这个新时期,建设新农村的典型不断涌现,人们也逐渐意识到,新农村建设的成功典型背后都有一个科学合理的规划,中国需要搞好乡村建设规划。本章就新时期乡村规划与建设的时代背景以及我国的乡村规划与建设现状进行简要的阐述。

第一节 新时期乡村规划与建设的时代背景

在当下的中国,新时期的乡村建设——新农村建设已把农村的改革和发展推到了一个崭新的阶段。因此,新时期的乡村规划与建设有着特定的时代背景,重点的几个方面如"三农"问题再次成为社会焦点,乡村建设的复兴与新农村建设的兴起,非政府组织(NGO)在中国公益事业建设中的崛起等。

一、"三农"问题再次成为社会焦点

乡村因其极其复杂的庞大系统(包含着生态、经济、社会等多个方面)而成为国家和社会的根基。在古代的中国,乡村既是国家长治久安的基础,也是社会发展的风向标。同时,中国又是一个有着数千年历史的传统农业大国,以农立国被视为中国的治国

根本和传统理念。因此,"农村之健全与否,农业之兴隆与否,不仅为农民生死问题,亦为国家民族存亡问题"。① 近现代的中国,虽然其社会、经济机构发生了重大的改变,但乡村依然是决定中国治乱兴衰命运的重要因素。中国乡村的重要作用,使"三农"问题历来成为关注的焦点。所谓"三农"问题,即农业、农村和农民这三个方面的问题。中国作为一个传统的农业国家,从古代的封建统治王朝,到近代民国,都十分关注"三农"问题。例如,孔子就曾提出"民以君为心,君以民为本""君以民存,亦以民亡"的思想。并形象地说道:"君者,舟也;庶人者,水也。水则载舟,水则覆舟。"西汉的贾谊提出"民者,诸侯之本也"的思想。民国时期,南京国民政府也提出了"复兴农村"的口号,并成立了由南京国民政府主导的"农村复兴委员会"。而毛泽东早在 1926 年就明确提出:"农民问题乃国民革命的中心问题,农民不起来参加并拥护国民革命,国民革命不会成功;农民运动不迅速地做起来,农民问题不会解决。"② 在新中国成立之后,中国共产党更是把农村、农民和农业问题作为国策加以重视。1960 年 8 月 10 日,中共中央发出《关于全党动手,大办农业,大办粮食的指示》,文件强调:"农业是国民经济的基础,粮食是基础的基础,加强农业战线是全党的长期的首要的任务。"20 世纪 70 年代后期,伴随着中国改革开放,特别是农村改革,"三农"问题得到很大的改观。1989 年后,随着国内外政治、经济形势的急剧变化,中国的"三农"问题再次凸显出来,如农村经济、农业生产和农民收入趋缓,农民收入大幅度下降,因此逐步成为人们关注的焦点问题。20 世纪末 21 世纪初,农产品价格持续下滑以及城市农产品购买力下降;机构改革在减轻行政成本的同时进一步削弱了乡村组织的行政效率;城乡二元结构带来农民身份的矮化更趋明显,因此"三农"问题再次进入人们的视野。如何解决好农村改革过程中暴露出来的"三农"问题的新情况,社会各界开始了新一轮的探索和研究。1999 年曹锦清

---

① 章元善,许仕廉.乡村建设实验:第一集[M].上海:中华书局,1934:1.

② 毛泽东.毛泽东文集:第一卷[M].北京:人民出版社,1993:37.

《黄河边上的中国》和 2002 年李昌平《我向总理说实话》的出版，客观上宣传、推动了社会更广泛地关注"三农"问题。2001 年，"'三农'问题的提法写入文件，正式变成一个不仅为决策层理论界关注，而且引起全社会广泛关注的问题"。① 2003 年 2 月 8 日，《人民日报》刊登了温家宝 1 月 7 日在中央农村工作会议上的讲话——《为推进农村小康建设而奋斗》。讲话称"三农"问题为"全党工作的重中之重"。2006 年 2 月，胡锦涛进一步提出："'三农'问题始终是关系党和人民事业发展的全局性和根本性问题，农业丰则基础强，农民富则国家盛，农村稳则社会安。"② 2008 年 10 月 12 日，中国共产党十七届三中全会审议通过了胡锦涛所做的《中共中央关于推进农村改革发展若干重大问题的决定》的工作报告，并提出了农村改革发展基本目标任务。从此，"三农"问题成为中国改革的焦点问题。

二、乡村建设的复兴与新农村建设的兴起

中国自古就有重视乡村的思想和观念。孔子在《论语·学而》中提出了"节用而爱人，使民以时"的民本思想；在《论语·公冶长》中提出"老者安之，朋友信之，少者怀之"的大同、均平、社会和谐的思想。孟子则提出"五亩之宅树之以桑，五十者可以衣帛矣。鸡豚狗彘之畜无失其时，七十者可以食肉矣。百亩之田勿夺其时，八口之家可以无饥矣。谨庠序之教，申之以孝悌之义，颁白者不负戴于道路矣"的关于富民、教民的教化和管理思想。后来的王明阳、吕大钧等不仅十分重视乡村建设，而且有了详细的计划和具体的实施过程。北宋神宗熙宁年间的《吕氏乡约》更是一个既重视乡村，又有具体的实施计划的乡村建设蓝本。

中国近代百年的历史，既是一个饱受帝国主义侵略和蹂躏的

---

① 温铁军.非不能也，而不为也——温铁军畅谈三农问题[J].发展，2004(11).

② 2006 年 2 月 14 日，胡锦涛在中共中央举办的省部级主要领导干部建设社会主义新农村专题研讨班在中央党校开班的讲话.

屈辱历史,又是一个争取民族独立的奋斗历史。中国乡村作为中国社会与经济的基础,其兴衰成败直接关系到国家的兴衰与成败。为此,中国的志士仁人也积极探索、研究中国乡村社会与经济的进步和发展状况,并在不同的时期形成了各自独立的,又具有明显时代特征的乡村建设思想体系(或派别),以不同的形式和内容延续至今。这些思想体系(或派别)主要包括三个方面:中国共产党的乡村建设运动、中国乡村建设派的乡村建设运动以及中国南京国民政府的乡村建设运动。

20世纪二三十年代的中国是半殖民地半封建社会的农业国家,农业生产手段落后,生产水平低下。还有帝国主义对中国侵入的不断加深,军阀的连年混战,加上一连串的天灾人祸,导致国家政治秩序动荡,农村经济萧条,民生凋敝。在此大背景下,一批批有识之士为救活农村,纷纷奔波于农村之中,从事乡村建设实践。他们或从农业技术的传播入手,或致力于地方自治与政权的建设,或注重于农民文化教育,或从经济、政治、道德三者并举开端,为复兴中国农村寻找出路。一时间乡村建设运动"大有'如花怒放''如月初升'的景象"[①],使救济农村、改造农村逐渐汇集成一股强大的时代潮流。

新中国成立后,中国共产党十分关注农村、农业和农民问题,并一直致力于开展乡村建设运动。从新中国成立到现在的以建设社会主义新农村为口号的乡村建设运动大致经历了以下四个阶段。第一阶段是从新中国成立初期到人民公社成立前。新中国成立后,农民成为土地的主人,这在极大地促进农业生产发展的同时,也逐渐暴露出了分散的、小规模的、个体性农民生产经营过程中所带来的结构性矛盾,尤其是贫富差异的问题。第二阶段是人民公社运动阶段。1958年8月,毛泽东在北戴河会议上确定了"人民公社"的基本构想,农村"人民公社"一时间被认为是解决中国农村问题唯一正确的方法。农村"人民公社"为公有制下的

---

① 章元善,许仕廉.乡村建设实验:第一集[M].上海:中华书局,1934:2.

政社合一与按劳分配的农村改造,社员高度依附,权力高度集中,经济完全计划。随着这一农村改造与发展运动在执行过程中的不断向左偏移,最初的积极因素逐渐成为农村经济发展、农业生产力提高的负面阻力。第三阶段是从家庭承包经营责任制的实施至 2001 年开始的农村税费改革阶段。在这一阶段,以家庭承包经营体制为契机的农村经营体制改革和以农产品的购销体制改革、农村产业结构调整、村民自治等为内容的制度性变迁,极大地解放了农村生产力,使得农村绝大部分人的温饱问题得到解决。但是,一些深层次的农村矛盾也逐步显露出来。例如,农民增收遭遇瓶颈的问题,农民负担日益沉重的问题等。在这种形势下,以林毅夫、温铁军、陆学艺等为代表的许多有识之士又开始了新一轮的农村改造与发展的探索,提出了"新农村运动"(林毅夫语)和"建设社会主义新农村"(陆学艺语)的主张,并得到了社会的认可。第四个阶段是以中央一号文件(2006 年)形式提出的、具有国策意义的社会主义新农村建设战略构想与实施阶段。2005年 12 月,中国共产党十六届五中全会通过的《中共中央关于制定国民经济和社会发展第十一个五年规划的建议》第一次全面系统地提出了建设社会主义新农村的重大历史任务。2006 年初中央又以"一号文件"的形式发布了《中共中央国务院关于推进社会主义新农村建设的若干意见》,标志着作为国策的社会主义新农村建设战略的形成,也昭示着新农村建设运动正式拉开序幕。

三、非政府组织(NGO)在中国公益事业建设中的崛起

NGO 是英文"non-government organization"的缩写,译为"非政府组织"。NGO 是指"在特定法律系统下,不被视为政府部门的协会、社团、基金会、慈善信托、非营利公司或其他法人,不以营利为目的的'非政府组织'"[①]。在以西方发达国家为主流话语的

---

① 孙君,等.农理:乡村建设实践与理论研究[M].北京:中国轻工业出版社,2014:34.

国际文献中,NGO常常被指为发展中国家的民间组织或非营利组织。目前,NGO对社会发展的推动力和影响力越来越大,甚至可以与政府和企业比肩,因此它也常被视为介于国家(政府)与市场之间的组织机构。

关于NGO的界定,目前学术界或社会上还没有取得一致的共识。从广义上讲,NGO指政府和营利的企业之外的一切社会民间组织。从狭义上讲,NGO指符合《社团登记管理条例》和《民办非企业单位登记管理条例》的社会组织。红十字会、希望工程、残疾人联合会、志愿者组织以及各种基金会等,这些从事社会公益事业的组织,也通常是狭义上的NGO。"非政府组织"一词,最早正式出现在1949年联合国大会上。20世纪80年代以后,该词开始在世界范围内得到迅速发展和普及。

非政府组织的形成与基督教的传统、人道主义的普世价值和慈善的精神有千丝万缕的联系。首先,非政府组织是基督教传统的翻版。早期西方工业化之前,基督教在欧洲就拥有巨大的权力和财富,其在教诲人们要行善、要有怜悯的同时,也传播农业技术,帮助分发救助物资。进入工业化以后,教会仍旧是提供社会服务的重要力量。其次,非政府组织是慈善传统的延续和扩展。西方工业化革命之后,随着私人财富的快速积累,一些有良知的工业资本家捐出一部分个人财产创办了慈善性质的基金或基金会,由此也有利于其树立良好的社会形象。当然,非政府组织在其发展过程中首先就要面临合法性的挑战,如位置定义模糊、法制环境恶劣以及行动受到严格的管制等。另外,随着它更广泛地参与解决社会问题,对组织的管理和控制将会面临极大的挑战。

改革开放后,中国逐步告别了计划社会,国家对国内的经济资源、政治资源和文化资源等的管控开始出现了松动,因此一些原来被严格计划管控的资源也开始得以流向民间。与此同时,全球化趋势加剧,国际资源也迅速流向中国。在这一时期,社会利益主体呈现分化的趋势,暴露了人口问题、贫困问题、乡村教育卫生问题和环境问题等,需要各种类似非政府组织的民间组织的参与。这些非政府组织的参与,填补了政府用于社会发展方面的资金不足的问题,扩大了社会就业机会。于是,政府开始慢慢地把这些非政府组织看成是他们联系民众的"桥梁"。这也就成为NGO组织在中国的传播和发展的契机。

按照中国民政部门的官方分类,非政府组织可分为社会团体和民办非企业单位。社会团体又可进一步分为基金会、学术性社团、行业性社团、专业性社团、联合性社团等;民办非企业单位则可进一步分为教育类、科技类、文化类、卫生类、体育类、社会福利类等。目前,在中国具有非政府组织性质且有一定知名度的组织大都集中在环保、妇婴、扶贫、社会服务、信息网络服务等领域(表1-1)。

表1-1 中国非政府组织类别

类别	组织实例	成立年限
环保类	"自然之友"	1993 年
	"绿色江河"	1995 年
	"地球村"	1996 年
	"绿家园志愿者"	1996 年
	"绿色之家"	1998 年
	"绿色之友"	2000 年
	"北京绿十字"	2003 年
	"阿拉善 SEE 生态协会"	2004 年
妇婴类	"中国妇女发展基金会"	1988 年
	"健康与发展研究会"	2007 年
扶贫类	"中国儿童少年基金会"	1981 年
	"中国扶贫基金会"	1989 年
	"中国青少年发展基金会"	1989 年
	"友成企业家扶贫协会"	2005 年

续表

类别	组织实例	成立年限
社会服务类	"天津和平区新兴街社区服务志愿者协会"	1989 年
	"中国志愿者协会"	1994 年
	"北京大学自愿服务与福利研究中心"	2002 年
	"阳光下之家"	2003 年
信息网络服务类	"济溪环境交流网络"	2004 年
	"NGO 发展交流网"	2005 年

当今世界解决公共社会问题,过去无非是两种单一模式中的一种,一种是市场行为,以信奉市场经济的西方国家为代表;另一种是政府行为,以中国为代表。随着社会、经济环境的变化,这两种模式也渐渐失灵。于是,非政府组织作为第三种力量开始介入其间,对前两种模式形成一种补充。中国的非政府组织,除有西方非政府组织的民间性、自愿性、非营利性这些共性外,也有中国自己的特点。中国的非政府组织是既不同于政府,又不同于企业的社会组织,实质上是"依法注册的正式组织,从事非营利性活动,满足志愿性和公益性要求,具有不同程度的独立性和自治性(但没有完全的独立性及自治性)"。①"北京绿十字"正是在这一背景下参与到中国新时期的乡村建设运动——建设社会主义新农村中来的。"北京绿十字"是在国家公权力未涉及的盲区或政策失灵或默许的地带,动员社会各种力量,利用民间资源,依靠精英人物而建立起来的组织。它的活动涉及多领域,组织管理及运作具有较强的自发性。它在制度设计及约束方面具有一定的随意性,因此,在组织的发展过程中其组织规模、绩效影响和社会公信度上还存在一定的缺陷。但无论如何,全球化的大趋势和国家经济、社会转型的大环境为"北京绿十字"提供了参与新时期中国乡村建设运动——新农村建设的契机。作为中国新一轮乡村建设运动的参与者——北京绿十字,试图从社会工作者的角度来诠

---

① 洪大用,康晓光.NGO 扶贫行为研究[M].北京:中国经济出版社,2001:2-3.

释当代中国农村改造与发展之路中所遇到的困惑或矛盾,寻求农村改造与发展的路径和方法。

第二节 我国的乡村规划与建设现状

我国的乡村规划建设管理工作始于改革开放之初,但当时的工作还只停留在政策性的行政管理层面,缺乏法律依据。直到1993年国务院发布《村庄和集镇规划建设管理条例》,才以行政法规的形式规定了乡村规划建设问题。2008年1月1日施行的《城乡规划法》将乡村规划纳入调整范围,将乡村规划的制定、实施、修改、监督检查以及法律责任等问题做出了规定,为系统研究乡村规划提供了法律依据。推进农村改革发展、建设社会主义新农村,是党中央做出的重要战略部署。然而,乡村规划在法制建设和政策导向方面取得进步的同时,也出现了不少问题。以下就我国的乡村规划与建设现状进行简要的探讨。

一、乡村规划与建设总体状况调查

2004年,中国农业大学人文与发展学院就农村居民点的基础设施和公共服务设施现状对北京100个行政村农村居民点进行了调查。调查内容包含11类105个项目,包括居住区、供水、排水、供电、通信、环境、生产与仓储、交通、规划等。调查发现,农村的许多重大安全隐患通常是因为没有村庄规划或没有执行部门法规和标准。例如,农村居民的饮用水源被工业、养殖业污染;道路穿村而过,路面高于住宅威胁农民生命安全;农民把生活垃圾填埋到不应填埋的地方;厕所搭建不合理;乡村没有竖向规划,使农村住宅发展产生了诸多不和谐隐患等。

实地调查还发现,调查总数的99%的村庄没有做规划。个别乡村虽然有规划,但也不完全符合《村庄规划标准》。例如,南方某省一个地级市对 200 个乡村进行了规划,但又遗漏了很多关键的安全项目;或者没有考虑建设中心村,测量地图十分粗糙;没有考虑到农村的特殊性,多数规划通过改变当地的地形地貌,以致基本上丧失掉了那里的地方风格。另外,很多公共服务设施也不完善。因此,即使国家每年都增加乡村建设的投入,但农村的安全隐患仍在增加。投入不一定在于多,而在于按合理的乡村规划投入,注重解决农村的安全隐患,投入到那些已经投入了的项目上,让它们发挥效力。这就决定了首先必须要有一个合法、合理和贯彻可持续发展原则的村庄规划。全面开展乡村规划是在农村贯彻各项法律、规定、标准和规范,严格依法行政的具体体现。中国有 3 万个乡镇,70 万个行政村,大部分农村没有规划任其发展,而一些经济发达的农村搞乡村撤并,建成的新村被规划得整齐划一。这使得农民可以享受到现代生活便利的同时,也逐渐远离了田园生活。这就要求我们在加快乡村经济与社会的全面发展和进步的同时,又要保护好乡村田园风光,走可持续发展之路。

二、乡村建设存在的问题和规划对策——以北京密云县龙潭村为实例

北京作为中国的首都,是国家政策最先落实的地方,北京市的村庄规划对全国具有重要影响。调查发现,北京的村庄规划编制参差不齐,很多区县的许多村庄还没有进行规划,只有少数区县完成了村庄规划。而在已完成的村庄规划中,各村庄所做的规划内容和水平差别也很大。只有少部分编制比较规范,大多数的村庄做得比较粗糙,比如只绘制了效果图或者名义上做了规划,实际上没有落实。

如今,社会主义新农村规划已成为规划的热点。社会主义新农村的样子,乡村规划能为农民解决的问题,其与城市规划的区别等,北京市密云县龙潭沟村的村庄试点规划可以提供一些实践的经验。

　　龙潭沟村位于北京市东北部,密云水库的东南部,属燕山山地与华北平原交接地。境内水资源丰富,气候凉爽宜人,其所处的密云县既是全国农业生态试点县,又是全国绿化先进县,全县森林覆盖率为47.33%。此前,龙潭沟村村域范围内居民点布局还比较分散,不利于土地的节约使用,也不利于村庄基础设施和社会服务设施的方便配套。受城镇化的影响,农村人口快速向城镇迁移,许多村庄人口相应地逐渐减少而且呈现老龄化特征。因此,龙潭沟村人口规模也在逐渐萎缩。由于农村缺乏公共财政收入,许多村庄建设严重滞后。龙潭沟村基础设施和公共服务设施严重缺乏,村内仅有一个公共建筑——村委会。村庄还未实现集中供水,垃圾随处堆放。村庄目前仍然以种植业为主,人均耕地偏少,农产品价格偏低,这都使得农民的收入增长十分缓慢,存在农民致富无门路、村庄发展动力不足等社会问题。针对这些问题,龙潭沟村制定了详细的乡村规划。规划的内容主要包括整治村域居民点,改善村庄环境,基础设施的完善,公共服务设施的筹建,村庄发展产业增加收入,推广新技术提倡可持续发展等。具体论述如下。

　　(1)整治村域居民点。龙潭沟村村域内共有16个小村落,分散布局。许多村落仅有两至三户村民,道路和给水设施要全方位覆盖这些村落则十分不经济。因此,规划采取适度集中的方案,给规模大、区位好的现有村庄配套完善的基础设施和公共服务设施以吸引村民逐步向其集聚,在必要的情况下新建村庄。村庄的撤并本着村民自愿的原则,逐步积聚,同时保证基本农田的保护数量。

　　(2)改善村庄设施。乡村规划的重中之重就是要改善村庄的基础设施和公共服务设施。因此,龙潭村通过对村庄道路系统、给水和排水工程设施、垃圾收集系统和服务设施(商店、文化站、卫生站、健身公园)等规划,改善村庄道路,保证供水卫生,进行雨污分流、垃圾分类。另外,建设幼儿园及健身小广场,为民俗旅游的晚会活动提供场所。

（3）指导村庄建设。某些村庄建设由于缺乏指导而产生许多问题，如有些村庄建设标准不统一，高标准与低标准共存；有些村庄建设时序存在问题，如过早硬化路面，最后造成路面的二次硬化，浪费建设资金。因此，龙潭村规划应为村庄的低成本改善提供技术支持，引导村民建设行为。对村庄的道路建设、基础设施绿化、铺装驳岸以及围墙粉刷等提出建设导则，做到因地制宜。龙潭村建设应以北京当地材料为主，突显北京郊区农村的乡土风情文化。

（4）推广新技术。在利用新能源（如太阳能、沼气等清洁能源）方面，农村具有天然的优势。规划针对不同地区村庄的特点，积极鼓励龙潭村使用清洁能源，因地制宜地推广沼气池、太阳能路灯、太阳能建筑等新能源设施。此外，规划可将许多建筑的节能、保温等新技术推广到村庄，方便、经济村民生活。

（5）制订行动计划。村庄规划的实施主体是村民，文化水平高低不一，他们更需要实施规划的行动步骤。因此，龙潭村将规划内容分解成多个行动计划并且按重要性和时间排序，提出实现这些行动计划的投资估算。这样的规划才能更容易被村民接受，具有可操作性。

（6）环境整治规划。环境是人的生存之本，因此龙潭村规划建设考虑了生态的保护，将保护生态作为规划的重要目的，防止借规划之名大拆大建，防止占用农村土地进行大规模的建设。

第二章　新时期乡村规划与 建设的理论基础

21世纪初,中国发起了乡村建设运动——新农村建设运动,这是中国农村从传统的农业社会向开放型社会转型过程中又一场意义深远的社会变革运动。要准确把握、积极引导好这场运动,学者刘奇在《中国农村观察:转型之变》中提出,要建立高效务实的动力机制和有序规范的平衡机制,以保持农村经济社会平衡较快发展,而这又迫切需要不断做出理论和实践的回应。为此,在中国新时期的乡村建设中,人们根据各自对新农村建设的认识和理解,从各个方面阐述了各自的新农村建设的理念和方法,从而形成了各有特色的新农村建设的思想理论体系。

第一节　乡村规划的乡村特色与思想理论

与城市规划相比,乡村规划出现得比较晚,因此也就不可避免地存在简单复制城市规划整套模式的问题,并因缺少自然村、行政村和小城镇尺度内的乡村建设理论,使原本风土人情味浓郁的乡村变得"城不像城,村不像村",体现不出乡村传统特色。作为规划,乡村规划与城市规划具有共性,但其自身也有特殊性,规划人员要在读懂乡村的基础上,按科学的发展观,本着以村民为主体,要尽量保持农村固有的田园风貌和历史的原则来合理规划。特别是对于一些本身就具有明显特色的村庄,应该是通过规划能够更加彰显其特色,并满足村民的现代生产和生活要求,同时也可以杜绝因盲目规划而造成的"千村一面"的现象。

一、乡村规划的乡村特色

之所以不能把城市规划简单地复制到乡村规划上去,是因为城市与乡村的背景和组成要素不同。如果没有乡村生活体验,以城里人的感受去理解乡村生活,那么,乡村规划就只不过是城市规划的一个组成部分或者简单的复制。乡村的主体是村民,乡村的主要产业是农业,从事农业的是农民。乡村规划只有从乡村中来、到乡村中去,才能真正成为乡村式规划。

要使乡村规划具有乡村特式,首先要认识乡村形体特征。学者叶齐茂对乡村形体特征进行了总结,具体包含以下几方面。第一,非农业使用的土地叠加在至少 10 倍于它的自然开放空间上。第二,人的尺度与自然的尺度应存在巨大的反差。第三,乡村空间的自然地理形态应该是多样性的,并且相互联系。第四,土地和空间的非农业化影响着生态循环链。第五,乡村生活与生产是混合使用土地和空间的。第六,开放空间与其他使用在土地分配上的比例和在空间布局上存在特殊规律。第七,乡村居民点所在区域供应给乡村居民的资源、吸收废物的能力是有限的,是确定的。第八,农业用地调整、保护受生态的约束。第九,乡村居民点混合着自然文化特征和地域文化特征。这些特征都是城市所没有的,乡村具有不同的人地关系,不同的生产与生活方式。因此,不能硬把城市规划的内容复制到乡村规划中去,否则就会造成乡村失去自己生存所应有的物质基础,也势必使乡村规划流于形式。

乡村式的规划还要深入理解乡村社会生活方式特点。中国农民时间结构的一个最大特点是季节性强,有"农忙"与"农闲"之分,没有城市工作人员短周期的工作日与休息日之分。农民活动类型相对单一,不如城市居民的活动丰富,活动的空间也比较狭小,多限于农户庭院;公共闲暇场所和设施相对短缺;除逢年过节走亲访友、赶集外,农民的日常生活的闲暇空间基本局限在本村的范围之内,其闲暇生活具有乡土社会的"地方性"。乡村居民的存在方式基本是本地村民所认同的,村民特别注重亲朋好友的情感,特别在意他人对自己的看法。村民之间相互熟悉,村民关系可靠,这就提供了自然村共同应对外部世界,也共同约束内部人与人的交往。除了物质生产劳动外,农民的闲暇生活不如城市的丰富。农民的心态比较平稳,对闲暇意识淡漠,多数人持"工作第一、闲暇第二"的观念。农民对金钱量上的追求远不如城市居民强烈,市场意识比较淡薄,收入水平差距不如城市居民之间巨大;大部分农民安于现状,面对生活的心态较为平和。

乡村式规划应按照"生产发展、生活宽裕、乡风文明、村容整洁、管理民主"的要求,协调推进乡村建设,规划既要着眼于改善村容村貌,又要从实际出发,尊重农民意愿;节约和集约使用土地,但又要便于农民生产生活,体现地方特色。不但要注重推进乡村物质文明建设,还要注重加强农村政治文明、精神文明与和谐社会建设,使乡村规划和谐,富有特色,最终建成一个经济发展与社会进步相统一的现代化农村。

二、乡村规划的思想理论

科学发展观落实在乡村式规划,其思想就是构建人与自然的和谐;构建人与社会的和谐;因地制宜,科学实施规划。

(一)构建人与自然的和谐

乡村生活环境优于城市生活环境,其关键就在于乡村自然环境,这也是乡村存在的基础。自然的价值,取决于人类的认识,其存在在于人类的保护。自然的美在于人类与之和谐一致。人与自然的和谐要求人类尊重自然、保护自然、认识自然和利用自然。因此,在乡村规划与建设时,首先要充分论证自然环境中的人类活动容量,不应过度向自然索取资源,要确定乡村规划建设的规模和功能;要充分考虑乡村地形、地貌和地物的特点,尽可能依据当地的地理情况创造出建筑与自然环境和谐一致并富有当地特色的居住环境。这一方面保护了自然环境,保持生态平衡,另一方面也使建筑适于人类生存。

(二)构建人与社会的和谐

中国是具有几千年农业文明历史的国家,由此积淀了深厚的特有的乡村文化底蕴,依附在土地上的农民具有很强的个体行为。农民根据自己的需要和爱好在自己的土地上建设住房、种植庄稼,从事各项生产活动,具有很大的随意性。现代社会文明要求人与人和谐相处,构建具有秩序的和谐社会,因此农民长期形成的用地观念便表现出很大的不适应性,还产生各种思想观念和行为的冲突,如既不想离开土地,也不允许他人在自己的土地上进行其他活动。农民在利用土地时,在土地上进行建设活动时,尤其是建设房子时,以自己利益最大化为原则,沿路交通便利点一字型排房建设;在自己房屋前后构建围墙,等等。因此,在乡村里,看到很多新房屋、新楼房,但看不到公共活动场所,而且整个乡村的房屋多是凌乱的、式样杂乱。针对这一系列问题,乡村规划应该要以一定规则来约束农民的行为,以构建人与人的和谐,创建整个乡村社会的和谐。

(三)因地制宜,科学实施规划

我国地域广阔,乡村之间的差异远大于各个城市之间的差异,乡村规划建设要落实科学发展观,统筹城乡经济社会发展,就要因地制宜。

首先,本地区的乡村规划建设不能盲目照搬其他地区的模式,要根据本区域的自然和人文条件进行。发达地区和欠发达地区的条件是不同的,不能采用相同的模式。如果只是单纯地照搬其他区域、其他国家的建筑风格、理念、外在形态,而不充分考虑本区域的地脉、文脉、史脉,完全割裂传统,那么规划也只能停留在图面上。

其次,乡村规划要结合当地村民的生产和生活方式,而不能照搬城市生活方式。乡村生活空间是生产和生活的空间的结合,而自然空间又远大于乡村居住空间。乡村居住空间仍具有一定的生产功能,因此乡村居住空间不但要满足居住要求,还要满足生产农具的放置,满足家庭副业生产要求等。

再次,乡村规划要注重乡村人文环境构建,在旧村改造中,要注意保护具有历史价值的风貌,如城墙、街巷、树木及传统的建筑形式。对传统建筑的保护,并依据历史原貌修建具有标志性的传统古典建筑,既可以在一定程度上延续旧村落的历史文貌,也满足了人们对乡村人文氛围和社区功能的要求。

最后,乡村规划还要充分考虑乡村经济发展水平的差异。在内容和产业方面,欠发达地区应突出重点,特别强调经济的发展,更注重农业基础,走以农带商(或以农带工,尤其是加工业)的绿色产业发展道路;而发达地区则应追求全面发展,注重协调,走大规模工业化生产的道路。在用地布局方面,欠发达地区应以基本的宅基地划分为主;发达地区多参照城镇居住小区规划进行布局。在发展策略方面,欠发达地区多利用后发优势尤其是古建筑、古民风保存完好的优势,强调对山地或河湖的开发;发达地区多利用先发优势,走工业化道路。在规划编制过程方面,欠发达地区应更注重规划编制的过程,强调村民的参与,强调规划人员与村民的互动及对村民规划普及教育;发达地区的农民受教育水平较高,因此不用强调村民规划普及教育。在经费来源方面,欠发达地区以多方筹措和政府财政支持为主,规划行为的计划性较强,而市场性相对缺乏;发达地区实力雄厚,可以自筹经费。

根据上述规划思想,乡村规划需要构建自己的理论,可以借鉴城市规划的理论,但不宜完全照搬,否则必然导致乡村规划只有城市的形式,而无乡村的内容,无实际应用价值。因此,在构建乡村规划的理论时需要注意以下四方面。

(1)乡村功能要注重简约实用。乡村功能比城市要简单得多。乡村产业以农业为主,附有一些小型零售商业,发达地区乡村还有一些乡村工业。因此,进行乡村规划时,不用为了"规划复杂"的需要而进行所谓的功能分区。乡村的和谐、美、实用就在于其简约。从近几年的新农村规划实践来看,人们只是把村庄规划成如同城市一样的居住空间,而很少甚至没有考虑乡村居住空间也是村民的生产空间。乡村建设需要充分论证村庄居住空间的尺度,而不能一味追求人均建设用地的指标。村民的院落空间类型多样,但多数附属于住宅。院落是村民生产与生活共同使用的空间,这种空间为乡村独有,是城市居民所不拥有的,因此在规划上应把它规划成乡村中最具有吸引力的居民活动空间,空间相对要大些。

(2)要注意乡村安全与防卫的设置。与城市居住区不同,村庄安全规划设计的关注重点是居住环境抵御自然灾害的能力和社会的安全。在抵御自然灾害方面,乡村的水患依然严峻,防汛工作仍面临很多困难。在社会安全方面,乡村居民以家庭为核心,看重家人安全,注重邻里和睦相处,财产相互看护。因此,乡村规划要创建一个具有乡村特色的安全居住环境,不仅要有科学的规划,而且要考虑村民的生产、生活、生理、心理安全和社会安全等因素。

乡村住宅区的规划是开放型的,四周一般是农田或自然地物,如山、河流等,没有围墙或其他人工建筑物。村庄的安全不在于控制多少个出入口,而是充分考虑村庄的选址(应尽可能远离区域快速干道)、村庄内部空间的优化(道路避免穿村而过)、院落空间四周邻里的互通。当然,现代村庄规划的设计也要积极借鉴城市规划,充分考虑消防的安全。

(3)加强乡村信息系统的建设。在工业社会,以农业为主的乡村,比城市要落后很多。分散经营的农业,集中生产的工业,造成工业与农业区位选择的差异。人类已经进入信息时代,不但城市具有信息系统检索的可能性,乡村也有这种可能性。通过信息化建设,为乡村发展供应充足的信息,使村民获取信息渠道通畅,让乡村居民在信息社会中不再被动。乡村信息系统的建设要结合乡村的特点进行创新,不是一定要采用城市信息系统的模式,而旨在全面提升农业信息资源整合共享水平,面向"三农"协同服务。

(4)完善乡村各种线路。在基础设施方面,城市与乡镇表现出了最为显著的差异。落后的乡镇基础设施严重制约了我国广大乡镇经济的发展,影响农民生活质量的提高。乡镇基础设施包括交通系统与市政设施系统,前者是乡镇社会经济活动的骨架,是乡镇内部村落保持联系的支撑以及实现对外联系的保证;后者包括给水、排水、电力、电讯、燃气、热力等各个运行系统,它们是维持乡镇生命力、提高乡镇运行效率、改善乡镇居民生活质量的基础。因此,乡村规划必须要把完善乡镇基础设施作为重点,它事关社会主义新农村建设和城乡统筹发展的全局。

第二节　乡村规划的理论基础

农村在某种程度上是"慢生活"的代表,而正是这种慢,才形成了自然与人类和谐生存的村庄聚居形式。近几年来,新农村建设、农村居民点规划成为热点。城乡统筹发展的要求使得规划行业更进一步地关注农村。乡村规划涉及经济、环境、文化、社会等领域的理论,这些领域内的理论还随着农村的发展而成为乡村规划的理论基础。

一、经济发展理论

经济发展理论主要有区域经济理论、资源经济理论、循环经济理论、环境经济理论。

(一)比较优势——区域经济理论

乡村规划建设是与新型城镇化建设同步推进的,而不同地区的乡村建设又有着不同的模式,这就需要各地区根据实际的资源状况、人口分布状况、交通状况、消费水平等,因地制宜地制定合理的政策与规划,使本区域的经济发展取得最优的效果,而这也就是区域经济理论所研究的内容。区域经济理论中操作性较强的如不平衡发展理论、点轴开发理论和网络开发理论等,被许多国家和地区采纳。

(1)不平衡发展理论强调经济部门或产业的不平衡发展,因此主张集中有限的资源和资本,优先发展少数"主导部门"。

(2)点轴开发理论也认为区域经济的发展主要依靠条件较好的少数地区和少数产业带动,强调政府的调控作用。主张将少数区位条件好的地区和少数条件好的产业培育成经济增长极,然后通过增长极的极化和扩散效应,影响和带动周边地区和其他产业发展。点轴开发理论还强调这些增长极(点轴开发理论中的"点")之间的"轴"即交通干线的作用,认为随着重要交通干线的建立,连接地区的人流和物流迅速增加,从而降低生产和运输成本,形成了有利的区位条件和投资环境,由此聚集更多的产业和人口,成为经济增长点,沿线成为经济增长轴。

(3)网络开发理论实质上是对点轴开发理论的延伸。该理论认为在经济发展到一定阶段后,一个地区形成了增长极——各类中心城镇和增长轴——交通沿线,随着该地区的影响范围不断扩大,在较大的区域内形成各种生产要素的流动网、交通网、通信网。在此基础上,加强增长极与整个区域之间生产要素的交流广度和密度,从而促进地区经济一体化,特别是城乡一体化。同时,随着网络的外延,本地区与其他区域的经济网络联系增强,从而能够在更大的空间范围内优化配置更多的生产要素,促进更大区域内经济的发展。该理论适宜在经济较发达地区应用,更有利于逐步缩小城乡差别,促进城乡经济协调发展。

(二)优化配置——资源经济理论

作为全面建设小康社会的一个方面,乡村规划建设是建立在较高生产力水平之上的。随着经济的发展,人类对于资源的需求也会不断扩大。尤其是随着工业生产的扩大,人们对自然资源的不恰当、过度开发利用造成土壤污染、水土流失等问题,破坏了人类自身的生存环境,并威胁人类的生存发展。因此,人类在开发利用资源,尤其是不可再生资源时,必须要从长远的角度考虑,要适度开发,同时又要着眼于提高资源的利用效率,避免掠夺性开发可再生自然资源。资源经济学就是在人类不断思考人与自然的关系、认识和利用自然资源的过程中产生和发展起来的,可以为乡村规划建设提供理论基础。资源经济理论,具体包含土地报酬递减规律、地租和地价理论、最优化理论等。其中,最优化理论在资源经济学中起着重要的作用。人们对资源的分类和对各类资源特点的分析,最终目的是要找出正确的资源利用原则来为制定资源政策提供依据,而这就需要用最优化理论来解决。在社会经济发展的一定阶段上,就人们的需求而言,资源似乎总是稀缺的,这就要求人们对有限的、相对稀缺的资源进行合理配置,以最少的资源生产出最适用的商品,获取最大效益。一般来说,资源如果能够得到相对合理的配置,经济效益就显著提高,经济就能充满活力。因此,资源配置合理与否,对乡村规划建设也具有极其重要的作用。乡村规划建设应以资源经济理论为基础,优化资源配置,提高资源利用率。

(三)废物再利用——循环经济理论

农村各项事业在得到迅速发展的同时,因受传统观念和生产生活习惯、尽快脱贫致富的急功近利思想的影响,出现了许多破坏环境、浪费资源的生产和生活现象。对此,循环经济理论和相应的技术可以进行必要的指导和支持,以确保农村经济科学、持续环保地发展。

循环经济在环境方面表现为污染低排放,甚至污染零排放。它把清洁生产、资源综合利益、生态设计和可持续消费等融为一体,运用生态学规律来指导人类社会的经济活动,以实现可持续发展所要求的环境与经济双赢。

在技术层次上，循环经济倡导的是一种建立在物质不断循环利用基础上的经济发展模式，其特征是自然资源的低投入、高利用和废弃物的低排放。循环经济要求把经济活动按照自然生态系统的模式，组织成一个"资源—产品—再生资源"的物质反复循环流动的过程。在这个生产和消费的过程中，基本上不产生或者只产生很少的废弃物。循环经济倡导的是一种与资源环境和谐共生的经济发展模式，是一个"资源—产品—再生资源"的闭环反馈式循环过程，资源在这个不断进行的循环过程中得到持久的利用，尽可能降低经济活动对环境的影响，实现经济与环境的双赢。

循环经济以"减量化、再利用、再循环"为经济活动的行为准则，又称为3R原则。减量化原则针对的是输入端，要求投入较少的原料和能源达到既定的生产和消费目的，从源头控制资源使用和减少污染排放。再利用原则属于过程性方法，要求产品和包装容器能够以初始的形式被多次重复使用。再循环原则是输出端方法，要求生产出来的物品在完成其使用功能后，能重新变成可以利用的资源。

乡村规划中的经济建设应避免走以环境污染、生态破坏、资源浪费为代价的发展道路，通过发展循环经济，保持资源的可持续利用和保护环境，以实现农村经济发展和环境保护的共赢。

（四）绿色生产——环境经济理论

改革开放以来，我国经济快速发展，但也带来了突出的环境污染、能源紧张、自然灾害等环境问题。对此，环境经济理论为绿色生产、从源头上解决环境问题提供理论支撑。环境经济理论，具体包含双赢原理、状态转换原理、内在化原理、环境生产力原理等。

双赢原理是指"决策者所制定的环境经济政策必须取得环境规律与经济规律的协同才能实现环境与经济的双赢"[①]。人类实

---

① 唐珂,等.美丽乡村建设理论与实践[M].北京:中国环境出版社,2015:73.

践反复证明,只有顺应规律的规则才是发展的动力。同理,环境经济政策作为一种规则,它只有同时顺应环境规律与经济规律,才能成为发展的动力,从而取得环境与经济双赢的效果。

状态转换原理是指"属于共有态的环境资源需要通过政府引导最大限度地进入市场态或公共态"①。总的来说,经济中的物品按人类对其管理的状态大致可分为市场态物品、公共态物品、共有态物品。市场态物品由市场进行配置,如粮食、衣服、电视机、汽车等;公共态物品主要由政府提供,如国防、教育等;共有态物品由自然界提供,如海洋生物、矿藏、河流、森林、大气、土地等环境资源。市场态与公共态的物品,其供需是可持续的,因此运行效果良好。共有态物品的需求虽然也是可持续的,但由于人类容易过度开发利用而使其供给能力不能持续。因此,通过政府宏观调控政策的引导,将共有态物品最大限度地转入市场态、公共态,由政府协助配置,将能够有效解决环境问题。

内在化原理即市场的环境外部性最大可能地内在化。外部性是指市场双方交易产生的福利结果超出了原先的市场范围,给市场外的其他人带来了影响。与环境有关的外部性又分为负外部性、正外部性。在一些对环境产生外部性的市场中,经济活动产生的环境成本(或收益)却并没有在市场价格中体现出来,因此,某些产品和服务的价格其实是被低估(或高估)了。例如,煤的市场价格就通常远低于使用它的成本。煤的成本除了建造矿井、开采煤炭、运输煤炭的费用,还有它燃烧后排放的二氧化碳对气候的破坏作用和负面影响,这些成本其实都没有包含在价格中。而每个人、每个家庭或企业所做出的经济决策都以市场信号为指导,选择以价格低廉的煤作为燃料,导致环境变得越来越糟糕。市场对环境产生的正外部性,如无氟冰箱的兴起、世界银行对环境研究、教育及投资的加大……市场对它们的评价远小于它们对环境产生的益处,于是,人们就没有太高的生产积极性,使得

---

① 唐珂,等.美丽乡村建设理论与实践[M].北京:中国环境出版社,2015:74.

对环境有好处的东西也变少了。为改变这种状况，就必须尽可能使市场产生的环境外部性最大可能地内在化，从而使企业、组织及个人减少生产或消费对环境有负外部性的产品，其方法之一就是将外部费用引进到价格之中。

如今，环境正成为一种新兴的生产力，因此也就提出了环境生产力原理。随着人们物质生活水平的提高，对环境质量也提出了更高的要求。环境不仅支撑经济系统发展，而且也正成为扩大对外贸易、促进经济发展的重要因素。目前，我国的区域经济发展已进入一个以创造良好环境为中心的新的竞争阶段。环境不仅是吸引各种经济主体的载体，也是区域竞争力的重要体现，它所产生的环境效益、品牌效益和经济效益可以转换为促进区域发展的直接成分。

二、生态环境理论

生态环境理论主要包含生态系统及服务功能理论、复合生态系统理论、人居环境科学理论、景观生态学理论。

（一）生态系统及服务功能理论

当生态系统达到动态平衡最稳定状态的时候，它能够自动调节且维持自己的正常功能，并能够在很大程度上克服和消除外来的干扰。但是，当外来干扰超过一定的限度时，便会损害生态系统的自我调节功能，从而引起生态失调。农业生态系统作为一种人工生态系统，人类活动对其结构和功能影响很大，因此，人类对生态系统原理和对生态系统健康的认知、意识程度直接决定了乡村的农业生态系统的良性发展。根据生态学原理，挑选抗病虫害能力强的种质，或将多种农作物间作套种使它们形成一个系统内生物相互制约的农业生态系统，可以有效提高农业的产量和降低生产成本。如果人为引进外来物种，缺少天敌，本地自然环境又十分适合其生长繁殖，那么该物种就会大量繁殖，挤压其他物种的生存空间,破坏本地生态系统的内部平衡,引起生态灾难。哈尼梯田"小龙虾引发的灾难"和中国东南海岸带互花米草的入侵便是适例。因此,生态系统理论是指导人类科学实施乡村规划、防止生态灾难发生的重要理论。

(二)复合生态系统理论

1984 年,学者马世骏、王如松在《生态学报》上发表文章《社会—经济—自然复合生态系统》,就"社会—经济—自然复合生态系统"的内涵进行了全面的论述。后来,王如松又对"社会—经济—自然复合生态系统"进行全面、系统的阐述,深入浅出地解释了该三个子系统之间的关系。社会生态系统是由人的观念、体制和文化构成的系统。经济生态系统以人类的物质能量代谢活动为主体。自然生态系统是人的生存环境,是人类赖以生存繁衍的基础。这三个子系统相互之间是相生相克、相辅相成的。农村亦是由村中农民组成的社会系统,农业经济、手工业经济、商业等经济系统,农田、森林、河流等自然系统组成的一个综合生态系统。乡村规划建设的实质就是将这三个子系统联结起来,使社会系统达到和平共处、相辅相成、相得益彰、良性互动的和谐状态,经济系统有序运转和收支达到平衡,自然系统内部的物质和能量自由畅通。

(三)人居环境科学理论

人居环境科学考虑的是小到三家村、大到城市带,不同尺度、不同层次的整个人类的聚居环境。人类聚居环境泛指人类集聚或居住的生存环境,其由五大部分组成,包括自然系统、人类系统、社会系统、居住系统、支撑系统。其中,支撑系统主要指人类居住区的基础设施,包括公共服务体系、交通系统以及通信系统和物资规划等。

人居环境科学强调系统的整体性,研究的原则是正视生态的困境,提高生态意识,人居环境建设与经济发展良性互动,发展科学技术、推动经济发展和社会繁荣,重视社会发展整体利益,强调科学的追求与艺术的创造相结合,最终构建适宜人类生活的居住环境。这些原理和基本观点正与乡村规划建设的基本思想相契合,是美丽乡村建设的重要理论依据。

(四)景观生态学理论

景观生态学所研究的内容主要包括景观结构、景观功能和景观动态等方面。农村作为一种综合的景观,是乡村地域范围内不同土地单元如村落、农田、河流、农埂、水塘、湖泊等,镶嵌而成的嵌块体,这些嵌块体也相当于一个个景观综合体。乡村景观既受自然环境条件的制约,又受人类经营活动和经营策略的影响,具有经济、生态、美学价值。不同的景观结构决定了景观具有不同的功能,农村景观种类是否多样(景观的多样性),不同组成块体的空间排列组合和乡村地区的狭长地块,其对整个农村景观的美学和生态系统的影响都会影响到农田生态系统健康、村落系统生活的便利性和农村系统综合体的美感和经济效益。乡村规划建设过程中,乡村景观要素的配置,应遵循景观多样性理论,使乡村景观成为一个良性的生态系统。

三、多元文化理论

多元文化理论具体又包含结构主义理论、功能主义理论、多元一体理论、涵化和濡化理论。

(一)结构主义理论

结构主义范式以制度和政治本身为研究对象,追求因果解释,追求普适性的结论;坚持整体主义传统;采用静态研究或者比较静态研究的方法。结构主义研究在中国乡村治理中是最繁荣的领域。中国乡村治理在结构主义传统下的研究,主要是乡村治理结构本身的研究,以国家与社会为分析框架的研究,国家建构理论的研究。结构主义研究传统将中国乡村治理结构或模式的决定因素归结为结构,包括制度结构、政治结构、权力结构、文化结构等,但其忽视行动者的主观能动性以及偶然因素的作用只见群体,不见个人。人力资本理论可以弥补结构主义的不足与缺陷。我国学者窦鹏辉在《中国农村青年人力资源开发的研究》中完整分析了中国乡村治理中青年人力资源开发的一系列问题,系统研究并提出了一系列的政策思路与对策措施。

(二)功能主义理论

功能主义认为认识事物的实质、本质或第一原因是不可能的,只能认识事物的现象和属性;主张排除实体概念,在相互依存构成整体的诸因素和诸事物的联系中把握对象,而对事物的现象和属性的认识在于了解其功能。功能主义认为社会的各组成部分以有序的方式相互关联,并对社会整体发挥着必要的功能。功能主义在理论上不重视行动个体,而是强调社会制度,大多数社会和文化现象都可以被认为是具有功能的。综观人类社会发展的历史,文化不但对社会发展起导向作用,而且对社会起规范、调控作用,还对社会起凝聚作用,推动社会经济发展。

(三)多元一体理论

多元一体,即文化整体论与文化相对论。文化整体论强调在研究一种人类行为时,必须研究与该行为有关的其他方面的行为,多角度、多方位地研究人类文化的整体特质。文化相对论的基本论点是认为每一种文化都具有其独创性和充分的价值。因此,他们认为,每个民族的文化时常会有象征该民族文化中最主要特征的"文化核心"。任何一种行为(如信仰或风格)只能用它本身所从属的价值体系来评价。也就是说,人们的信仰和行为准则来自特定的社会环境。文化相对论又认为,尽管各民族文化特征的表现形式有所不同,但它们都能起到对内团结本民族、对外表现为一个整体的作用。文化相对论对于指导乡村文化建设、保护农村原生态文化具有重要意义。

（四）涵化和濡化理论

涵化是文化变迁理论中的重要概念，是"由两个或多个自立的文化系统相连接而发生的文化变迁"，是"不同民族接触引起原有文化的变迁"[①]。尽管"涵化"可被用以描述任何一个文化接触与变迁的例子，但这个词最常用以指称西方化。因此，涵化可能是自愿的，也可能是被迫的。不过也要看到，"保护人类文化的多样性""传承乡土文化"等新的文化理念已成为人类的共识，因此现时代的涵化更多指的是民族文化与外来文化在相对平等条件下的文化反应，实质上也是乡土文化的"自觉"建构的过程，结果形成了乡村文化的传播与扩展、传承与创新。

濡化是发生在同一文化内部的纵向的传播过程，表示特定文化中个体或群体继承和延续传统的过程，这是文化保护的最为有效的途径。当然，群体内的文化继承，有些是通过日常生活中的潜移默化来完成的，有些则要借助专门化的教育。

当今社会正值全球化、现代化和城市化浪潮的强势冲击，原有的传承体系被打破，新的尚未形成，乡土文化越来越显得后继乏人。基于此，从联合国到世界各国政府都纷纷出台了一系列保护、传承乡土文化的措施和制度，并努力将其付诸实施，各民间力量也参与其中。当地人应以开放的心态，实现乡土文化的"自觉"创新。新的乡土文化融传统与现代于一体，传播力更广泛、更强，这不仅获得了一定的市场效应和经济利益，而且引起了社会的广泛关注，如乡村旅游点中的文化事象，可以吸引外来者到此参观、体验、消费。这反过来促使当地人充分认识到本地文化的价值，促使其积极参与到文化的保护与传承行动中。

四、和谐社会理论

和谐社会理论内容主要包含社会类型、社会分层，还有后工业化。

---

① 转引自唐珂，等.美丽乡村建设理论与实践[M].北京:中国环境出版社,2015:90.

中国著名的社会学家费孝通先生从维持社会秩序的角度上把社会分成两个类别，即礼俗社会和法理社会。礼俗社会是以礼俗作为维持社会秩序的一种方式。法理社会即通常说的"法治"。礼是社会公认的行为规范。如果单从行为规范这一点来说，礼和法律无异。但法律是靠国家的权力来推行的，而礼却不需要这种有形的权力机构来维持，依靠的是传统。农村城镇化不断推进，人口在城乡之间反复地流动，传统的礼俗社会在减弱。但是，礼俗在维持农村社会秩序中的地位根深蒂固，农村的乡土礼俗在农村社会关系的维系中仍起重要的作用。礼和法成为乡村"软件"建设的重要内容。

社会分层是指社会成员、社会群体因社会资源占有不同而产生的层化或差异现象，是社会不平等的具体体现。社会分层关注的核心问题是社会资源及其分配规则。社会分层理论家研究的重要内容是通过何种方法来表征社会群体的收入差距和社会的不公平程度，然后制订一系列措施来减少社会的不平等，从而使得人类社会更加平等和公正。社会分层理论可以指导乡村的社会文化事业建设，如对不同社会阶层的人群给予就业支持和创业扶持政策；指导产业发展战略制定和保障制度建设，如对贫困家庭给予技能培训，对贫困家庭子女上学给予资金支持等。因此，社会分层是乡村规划建设的重要理论指导。

后工业化是突破乡村"内卷化"的桎梏。农业的内卷化是指"一定面积的农业种植，由于能够稳定地维持边际劳动生产率，即更多劳动力的投入也并不导致明显的人均收入的下降，是一个自我发展、自我战胜的过程"[①]。中国传统农业实质上是典型的内卷化农业。工业化以前的农业内卷化现象是与当时的社会生产力相适应的，然而，工业革命以后，尤其是交通通信技术的发展和农业现代化以后，传统的内卷化农业和农村发展模式已不能适应工业化时代的发展要求。因此，在乡村规划建设过程中，其关键就

----

① 转引自唐珂，等.美丽乡村建设理论与实践[M].北京：中国环境出版社，2015：94.

是要突破乡村内卷化的桎梏,克服保守、故步自封的思想。在城市化过程中,流向城市的农村人口也表现出一系列的"内卷化"现象,如社会交往的"内卷化",社会流动的"内卷化"。因此,新生代农民工在城市普遍缺乏归属感,对故乡也缺乏依恋情结,而不愿在农村发展,导致农村的劳动力出现断层,影响农村发展。逃离新形式的城镇化过程中的农村内卷化,是城市和农村良性发展的重要环节。

第三节 乡村建设的目标和战略构想

当代中国农村的问题,不仅是一个乡村发展相对滞后、农民生活质量相对低下的问题,而且还是一个乡村环境恶化、农民意识分化的问题。因此,人们就乡村规划提出了建设目标和战略构想。

一、乡村建设的目标——重建生态,培养民力

"北京绿十字"近十年的乡村实践历程,不仅是一个体验农村、研究农村和改变农村的过程,而且也是一个探索新时期乡村建设目标的过程。"北京绿十字"开展乡村实践的目标就是重建农村生态环境(重建生态),培养农民的自治修复能力(培养民力)。

(一)重建生态

重建能体现农村固有属性的生态环境,树立"新的生态伦理观"。当然,这里的生态,是广义的、多角度的农村生态,它既包括农村的自然生态环境,也包括农村的政治、经济、文化、教育和宗教等社会生态环境,即自然生态环境和人文社会生态环境两个方面。在"北京绿十字"的乡村建设实践中,重建生态通过开展公众教育,修复农村自然环境,发展农村产业经济,构建村民自治机

制,重塑农村传统文明而完成(图 2-1)。重建生态其实也是当今世界上流行的一种做法,是"一种强势的公民环境主义"行为。这种强势的公民环境主义"赞成根本性的变革政治和经济地位现状,因为生态环境的破坏被认为与正在加剧的不平等的公民民主组织力量的削弱具有内在的联系"①。

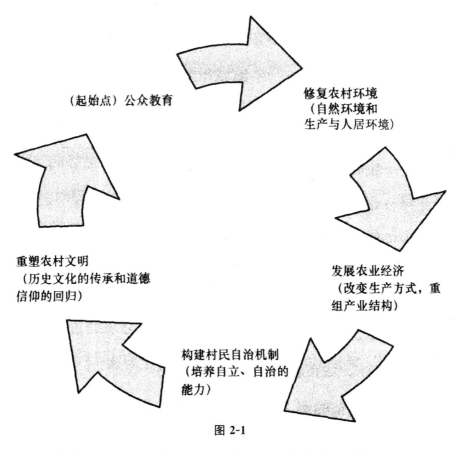

图 2-1

"北京绿十字"之所以把"重建生态"作为其乡村建设实践的一个目标提出,是因为他们认识到当今的中国工业化、城市化的快速推进在带动中国经济快速发展,带给人们生活条件改善的同时,也带来农村发展的困境:农村生态系统遭到破坏,农村生态环

---

① 李庆本.国外生态美学读本[M].长春:长春出版社,2010:121.

境不断恶化;农村资源屡遭掠夺,农村生存环境举步维艰;东西方文化碰撞,使农村传统文明日趋式微。

(二)培养民力

民力即农民的生产、生活和自治的能力。它包括文化素养、生存技能、体魄健康和公民道德等方面的能力。这里的农民,既包括直接从事农业生产的农民,也包括农村知识分子(教师、医生)、进城农民工和村(组)干部。培养民力,即"从生存能力、发展能力、环境能力和教育能力这四大能力入手,开展了一些综合能力的培训"①,为新时期乡村建设锻造相应的"新干部、新农民"。在"北京绿十字"看来,在新时期乡村建设中,"难点在政府,盲点在农民"②。政府虽然投入了巨大资金,但不注重公众参与,这是一大误区。因此,在十余年的乡村建设实践过程中,"北京绿十字"主要从"教育农民"和培养"新干部"两个方面入手来强化对民力的培养。

把开展农民教育作为乡村建设的一个重要内容最早可以追溯到 20 世纪二三十年代的乡村建设运动。在这一时期,以梁漱溟、晏阳初为代表的乡村建设派,从一开始就把"教育农民,提升农民文化知识水平"作为乡村建设的第一要务。应该说"北京绿十字"提出的"教育农民"目标内容与当年乡村建设运动提出的"教育农民"可谓如出一辙,只是现在农民的文化知识问题与当时情况已有很大的改变。客观地讲,今天农民中的文盲基本消灭。因此,现在农民的文化教育问题,是如何提升农村中农民的整体文化素质、如何让农民跟得上市场经济形势的问题。

二、乡村建设的战略构想

建设美丽乡村,是适应城乡发展一体化新形势和广大农民过

---

① 孙君,王佛全.五山模式(上)[M].北京:人民出版社,2006:173.
② 孙君.农道[M].北京:中国轻工业出版社,2011:34、176.

上美好生活的新期待,促进现代农业发展、人居环境改善、生态文化传承、文明新风培育标,促进农业生产方式、农民生活方式与农村发展方式相互协调,加快我国农村生态文明建设进程,推动形成人与自然和谐发展的新格局。建设美丽乡村是一个系统工程,涉及农业农村的方方面面。当前,应从生产发展、生活富裕、生态良好、民生保障、文化繁荣"五位一体"的思路,为乡村可持续发展筑牢根基。

(一)持续的产业发展

没有相关的产业支撑,乡村建设也就无从谈起。当然,这里强调的产业发展,并不仅仅指经济总量,而是更加注重经济发展的质量和结构,强调内涵式、集约型、可持续的产业发展方式。具体来讲,持续的产业发展应包括以下四种要素:产业结构合理、生产方式创新、资源利用高效、经营服务到位。

(1)产业结构合理。首先是发展和培育主导产业,要结合当地产业发展特点,在现代农业、农产品加工、休闲旅游、生产性服务业、制造业等产业中培育出地区主导产业。其次是延长农业产业链条。在相当长的一个时期里,农业仍是农村发展中最重要的产业,要提高农产品附加值和促进农民增收,其关键就是延长产业链条、发展农业产业化经营。而产业化经营的关键是要有"龙头"企业的带动,辐射带动当地农户,初步形成农业产业化集群,让农民共享产业化增值收益。最后就是要领先经济社会发展水平。

(2)生产方式创新。首先是生产技术现代化。这里说的现代化,并不单指使用最先进的生产技术,而是要注重生产技术与当地的地理条件、产业特点相符合,在农业生产经营管理中采用先进适用的技术、装备和投入。此外,还要引进和采用现代的组织管理制度,提高农业生产信息化水平,增强生产经营决策能力和管理水平。其次是生产经营集约化。要改变细碎化的发展方式,积极引导土地向专业大户、家庭农场、农民合作社以及农业企业等新型农业经营主体流转,开展多种形式的适度规模经营;改变粗放式的经营方式,在单位面积上集中投入生产要素,使生产要素投入达到合理配置水平,促进当地农业增产和农民增收。最后是生产过程标准化。在农产品生产、加工和销售中,要按照严格的标准进行产业经营和科学管理,使现代农业生产、加工和销售规范化、系统化和程序化,从而提高农产品质量和竞争力。

(3)资源利用高效。注重资源节约利用和高效利用,促进农业生产中投入物的绝对或相对减少,实现节地、节水、节肥、节约、节电、节油。

(4)经营服务到位。健全的农业社会化服务体系是建设现代农业的有效支撑。这既要求公共服务机构在公益性领域有效发挥职能作用,又要求积极培育经营性服务组织发展。此外,各类生产性服务业快速发展。产业的发展,不仅要求农业社会化服务要跟上,而且还应为农村中小企业以及农民创业提供比较便利的技术研发、仓储物流、市场营销、土地流转、信息等生产性服务。

(二)舒适的生活条件

乡村建设,归根结底是让农民过上比较富足、舒适、体面的生活,而这又离不开收入水平的提高、生活环境的改善以及成熟配套的综合服务。

国家要富,农民必须富。农民经济宽裕,积极性调动起来,才能放大乡村建设的实际效应。乡村建设就是要千方百计地增加农民收入。农民增收的途径主要集中在以下四个方面:一是家庭经营收入。能依托资源禀赋和区位优势,发展特色种养殖和商品化生产;打造区域农产品优势品牌,形成一批社会认知度和美誉度都比较高的优势农产品;改良种养品种,增加农产品科技含量和农产品附加值。二是工资性收入。通过组织开展农村劳动力职业教育和技能培训,让农民具有较高的知识水平和技术水平,实现较高的工资性收入;引导农民外出就业和在本地就业或创业;发展规模农业、农产品加工业、休闲农业、观光旅游业等本地特色优势产业,提供更多的就业岗位,基本实现农村劳动力充分就业。三是财产性收入。农村集体经济实力较强,发育良好,具有比较稳定的物业收入和其他收入;农村集体资产产权股份化改造基本完成,农民成为农村集体经济组织的股东;农村产权流转市场比较完善;农民可以方便、安全地享受到金融机构的理财服务,让农民的资金保值增值。四是转移性收入。各级财政特别是地方财政支农力度较大,农民获得的直接补贴较多,农村医疗保险、养老保险水平较高。

生活环境改善,生活质量随之提高。乡村建设,改善农村人居条件,主要应该实现建设规划、供排水系统和清洁工程三方面的完善。首先有科学合理的人居环境建设规划。政府要在尊重农民意愿的前提下积极搞好科学的发展规划,着眼于改善农民居住环境,在充分考虑如何有效利用有限的土地资源,立足于已有的设施、房屋和自然资源条件的基础上,对公共设施进行分批、分期、有序的整治及改造。其次是有先进的供排水系统。在相对落后的农村,建立自来水供水系统和排水通道时,政府应该加大补贴支持,并进行统一规划。最后是保持清洁的农村环境卫生。发展农村循环经济,进行清洁工程建设;综合处理垃圾,加强卫生管理。

居住环境优良。居住区的生态绿化设计符合人们远观、近赏,并能融入"绿"的氛围中。住宅方面,无论选址、布局、形式和用材、做法,都要按照当地农村生活的需要,以求适用、经济,保持和发扬地方特色。居住节能环保,推广应用农村节能建筑,实现农房建设节能、节地、节水和节材;普及清洁能源;实现"清洁田园",引导农村接受和推行农业清洁生产,发展生态农业和循环经济,最大限度地实现农业生产资源的循环与综合利用。

农业综合服务在西方农业发达国家已经形成成熟体系。实践也证明,农业服务的社会化、综合化可促进经济效益的提升。农业综合服务体系是连接农产品与市场、农业生产中的市场化服务以及综合性解决"三农"问题的一种机制。在信息化的条件下,加快现代信息技术改造、提升传统农业综合服务体系,是增强我国农业综合竞争力、应对农业竞争全球化挑战的迫切需要。

(三)良好的生态环境

良好的生态环境,具体表现就是自然环境破坏较小、生物资源丰富多样、生态景观结构合理、生态灾害规避及时。

(1)自然环境破坏较小。在乡村建设中,要尽量减小对自然资源的破坏,具体指农村能源的节约与开发、农业水利建设、生态修复、农村饮用水源地保护、生活污水和垃圾治理、农村地区工业污染防治、规模化畜禽和水产养殖污染防治、农村自然生态保护等方面的重点内容。

(2)生物资源丰富多样。农业生物资源多样性,能够反映农业产业结构多样性、农业利用景观多样性、农田生物多样性、农业种质资源与基因多样性的尺度水平。在不同的生境下,农业耕作制度是多样的。农村有各种农作物、经济作物、畜禽和野生生物等,它们遗传多样,彼此之间的巧妙组合构成了多种多样的农业生态系统与栽培景观。合理的农田景观格局将促进生物多样性和生态学过程的良性循环发展。因此,要运用景观生态原理,合理规划农田面积,合理布局设计道路和防护林机构、水利设施等,做到山、水、田、林、路的全面规划与综合治理。在一些关键区域,可适当建立农业生物多样性保护区,以保护农业生物遗传的多样性。

(3)生态景观结构合理。农村的聚落形态由分散的农舍到能够提供生产和生活服务功能的集镇,所代表的地区是土地利用粗放、人口密度较少、具有明显的田园特征。此外,农村景观(主要有自然景观、聚落景观、农业景观、文化景观)是农村资源体系中具有宜人价值的特殊类型,是一种可以开发利用的综合资源,是农村经济、社会发展与景观环境保护的宝贵资产。因此,乡村建设的目标应该在于营造良好的乡村人居环境、保护维持生态环境和农业经济的可持续性。

（4）生态灾害规避及时。生态灾害指由于人类对大自然认识缺乏全面性和系统性，常常采取一些顾此失彼的行为措施"征服"大自然，在第一步取得某些预期效果以后，第二步、第三步却出现了意料之外的不良影响。于是，全面研究人类各种活动的正反两方面的效应、注意防止生态灾难或自然报复成为人类协调人与自然关系的新的指导原则。

（四）和谐的社会民生

和谐的社会民生，是注重对农民权益的维护，生产生活安全，基础教育普及，医疗养老机制健全。

（1）重视农民权益的维护。首先，淡化城镇化率概念。农村城镇化是农民就地逐渐市民化的过程，必须要重视维护和保障农民的各种权益。因此，在加快推进城镇化的过程中，要淡化城镇化率的概念，不要过分追求农民身份的转变。另外，集体土地的产权制度改革得以积极慎重地推进，农民土地权益得以保障。其次是尊重农民意愿、实现土地的市场化流转。承包土地的流转必须尊重农民意愿，流转收益全额返还给流出土地的农户，降低农民的离土代价。

（2）生产生活安全。指的是在农村地区遵纪守法蔚然成风，社会治安良好有序，无生产和火灾安全隐患，防灾减灾措施到位，无刑事犯罪和群体性事件，居民安全感强。

（3）基础教育普及。农村基础教育是农村教育的重要组成部分，它对加强农业科技创新、应用能力建设和提高农业综合生产能力具有重要作用。从某种意义上说，没有农村基础教育的普及，也就无法培养出高素质的农村流动者，不利于农村脱贫致富，也不利于农业和农村经济的可持续发展，甚至不利于实现我国现代化目标。因此，农村基础教育的普及，无疑具有很强的现实意义。

（4）医疗养老机制健全。我国从 2003 年开始在农村实行医疗保险制度，即新农合制度（新型农村合作医疗制度）。目前为止,新农合的实行已经取得一定成果,当然也存在一些问题。具体来说,健全的医疗养老机制包括以下几方面:第一,多方拓宽筹资渠道,建立稳定的筹资增长机制。新农合基金的筹集,要坚持民办公助的原则,建立政府引导支持、集体扶持、个人投入为主的筹资机制。第二,政府支持力度加大,监管制度得以完善。新农合的改善离不开政府的支持,除了财政支持、提高政府的负担比例外,政府还应针对现状积极且及时调整制度,如完善监管制度,以配合新农合的发展步伐。第三,能够有效实现定点医疗机构管理。医疗卫生管理部门及保险机构应当加强监督医疗卫生机构,规范新农合保险的运作,提高资金的使用效率,以减轻农民医疗开销的负担,保护农民正当权益。第四,农民受益度增加,补偿机制能够适当优化。农民最希望的是提高报销比例,这是他们选择是否参与新农合的重要标准,因此也是制度完善的重点之一。在确定省、市、县财政补助比例时,要根据各地区发展水平、考虑到不同层次的人群来设置合理的分配标准,以扩大农民的受益面。另外,报销手续流程应该简单化、合理化。

(五)繁荣的乡村文化

繁荣的乡村文化表现为:传统文化得以继承,农耕文化受到重视,文体活动繁荣活跃,乡村休闲适度开发。

(1)传统文化得以继承。我国各地的自然环境和人文条件千差万别,从而形成了各具特色的乡土民俗。这是中华民族文化多样性发展的载体。加强乡土民俗的挖掘、研究,继承和发扬其优秀传统,是弘扬民族精神、推动区域经济发展、建设社会主义先进文化所不可缺少的内容。

(2)农耕文化受到重视。中国是世界上三大农业起源中心之一。考古证明,距今七八千年的时候,我国的原始农业已经相当发达了。在漫长的传统农业经济社会里,我们的祖先用他们的勤劳和智慧创造了灿烂的农耕文化。源远流长的农耕文化,到今天仍然渗透在我们的生活中,特别是乡村生活的方方面面。农耕文化的根本思想是人与自然平等共处、和谐发展,因此正确对待人与自然的伦理关系,合理利用自然资源,才能真正实现农业生产的可持续。农耕文化讲求"天人合一、药食同源"。在发展绿色农业中吸取传统农业精华,结合现代科学、安全、健康、环保的消费为理念,以倡导农产品标准化为手段,这既传承了农耕文化,也是创新低碳农业、循环农业、高效农业发展的一个切入点。

(3)文体活动繁荣活跃。党的十七大指出,"繁荣农村文化事业,是全面建设小康社会和构建社会主义和谐社会的重要内容",首次明确提出要促进农村文化大繁荣、大发展。乡村建设不仅包含经济、基础设施等硬件方面的建设,更包含农村精神风貌的改善、农民素质的提高和文化水平发展等软件的建设。丰富的文体活动,其含义应包含以下几方面:第一,提高农民生活质量,促进农村社区发展。通过开展全民运动会、艺术节以及各类文化活动,使政府、学校、企业、农村等社区教育活动资源得到多次统筹和整合,社区各成员之间也因此得到更多的交流和沟通。第二,继承与发扬民俗文化,丰富新农村文化。要处理好民俗文化与新时期农村文化之间继承与发扬的关系,培养和激励"乡土艺术家",激发农村自身的文化活力,在新农村文化建设中显得尤为重要。这需要一批有力的文化团队担当重任,需要培养一批好的文体团队。第三,群众自发自愿,政府重视引导。2010年,《中共中央办公厅　国务院办公厅关于进一步加强农村文化建设的意见》中提出"开展多种形式的群众文化活动……坚持业余自愿、形式多样、健康有益、便捷长效的原则,丰富和活跃农民群众的精神文化生活"。群众自发自愿参加文体活动,是文体事业繁荣发展的前奏,政府要重视和引导,要抓住有利时机,因势利导,推动农村文体事业的发展。第四,公益性文体活动与经营性文体活动相互结合。公益性文体团队需要大力提倡,经营性文体团队需要不断规范。公益性文体团队在条件适当的时候会演变成经营性文体团队。政府对于公益性文化事业主要是加大投入,对于经营性文化事业主要是加强监管。投入必须根据实际情况,围绕群众的需求,因地制宜,有针对性地投入。但是,目前政府对农村经营性文体团队的管理几乎是空白的,同时又缺乏监督。

(4)乡村休闲适度开发。传统的乡村休闲旅游主要源于一些来自农村的城市居民以"回老家"度假的形式出现,不能有效地促进当地经济的发展。与之不同,现代乡村休闲旅游的时间不仅局限于假期,而且对农村的经济发展有积极的推动作用:旅游者能够充分利用农村区域的优美景观、自然环境和建筑、文化等资源,不仅给当地增加了财政收入,还给当地创造了就业机会。这里所要讨论的乡村休闲旅游就是指现代乡村休闲旅游。乡村旅游开发具有良好的发展前景,这主要包括:第一,政府为旅游提供宽松的政策环境和积极引导,使其健康有序地发展。建立起以政府为主导,乡村社区和旅游行业、企业为主体的管理体系,制定相关的法律法规,加强对乡村旅游业的管理和监督,可促进乡村旅游健康有序发展。第二,有完善的基础设施和良好的环境。第三,有特色品牌,创新经营策略。有精品观光型产品,有利于乡村开发建设一批能体现文化、自然风光、乡土风情特色的新型观光产品,形成品牌效应。引导旅游商品的设计、生产和销售,增加旅游购物点,增加旅游附加值。第四,有高质量的旅游服务、系统的教育培训,提高乡村旅游从业者在经营服务、食品卫生、旅游文化、旅游安全、接待礼仪、餐饮和客房服务等方面的素质和服务技能。

第四节　乡村建设的标准及其模式

中国是个农业大国,农村人口众多、基础薄弱,乡村建设要更加注重生态环境资源有效利用、人与自然和谐相处、农业发展方式转变及农村可持续发展。人能"回得去"是检验乡村发展成功与否的重要指标。目前我国农村发展以及乡村建设过程中面临诸多实际问题,如城乡要素流动不协调、农村生态环境退化、"乡村病"难以根治、古文化遗产保护与传承不力等。如何破解新时期乡村建设和农村发展难题的出路与对策,制定乡村建设标准,研究乡村建设模式,是我们当前迫切需要考虑的问题。

一、乡村建设标准

标准化是乡村建设的创新驱动力。2010 年国家标准委员会首次将"安吉美丽乡村标准化建设"列为第七批农业标准化试点项目。2013 年 11 月 5 日,国家标准化管理委员会与财政部联合发布了《关于开展农村综合改革标准化试点工作的通知》,将浙江、安徽等 13 个省列为美丽乡村标准化试点,明确指出通过试点初步建立结构合理、层次分明、与当地经济社会发展水平相适应的标准体系。与此同时,浙江省在总结安吉经验的基础上结合实际,于 2014 年 4 月发布了全国首个美丽乡村的地方标准《美丽乡村建设规范》,福建省也于 2014 年 10 月发布了省级地方标准《美丽乡村建设指南》。

在我国现有的标准体系中,在国家层面涉及农村领域的标准少,关于乡村系统性建设相关的标准就更少,有少数行业部门出台了乡村建设中某一环节或某一部分的国家标准或行业标准,如 GB 50445—2008《村庄整治技术规范》等。而有关乡村系统性建设的标准目前只有浙江省和福建省两个地方标准。基于各地差异考虑,为了更好地推进试点建设,推动乡村建设的顺利开展和实施,真正实现乡村的可持续、保生态和惠民生,2015 年 6 月 1 日国家颁布实施了《美丽乡村建设指南》。

(一)国家标准:《美丽乡村建设指南》

国家质检总局和国家标准委于 2015 年 4 月 29 日发布《美丽乡村建设指南(GB/T 32000—2015)》。该标准于 2015 年 6 月 1 日起实施,就村庄规划、村庄建设、生态环境、经济发展、公共服务、乡风文明、基层组织、长效管理等建设内容进行具体规定,并量化、统一规范了涉及生态环境、公共服务等方面的基本指标。

在村庄建设方面,标准规定了道路、桥梁、饮水、供电、通信等生活设施和农业生产设施的建设要求。例如,明确规定村主干道路面硬化率达100%;村口应设村名标识;历史文化名村、传统村落、特色景观旅游景点还应设置指示牌。在生态环境保护方面,标准规定了气、声、土、水等环境质量要求,并设定村域内工业污染源达标排放率、生活垃圾无害化处理率、生活污水处理农户覆盖率等11项量化指标。该标准还就村域内工业污染源达标排放率、农膜回收农作物秸秆综合利用率、农作物秸秆综合利用率、生活污水处理农户覆盖率做出了明确规定,分别为100%、80%以上、70%以上、70%以上。标准提出建立生活垃圾收运处置体系,规定生活垃圾无害化处理率达到80%以上,户用卫生厕所普及率达80%以上,卫生公厕拥有率不低于1座/600户。规定卫生公厕须有专人管理,定期进行卫生消毒,保持干净整洁。村内应无露天粪坑和简易茅厕。

(二)地方标准:浙江省《美丽乡村建设规范》

浙江省在总结提炼"安吉县美丽乡村建设"成功经验的基础上,于2014年3月发布推荐性地方标准《美丽乡村建设规范》(DB33/T 912—2014)(以下简称《规范》)。《规范》主要包括美丽乡村基本要求、村庄建设、生态环境、经济发展、社会事业发展、社会精神文明建设、乡村组织建设与常态化管理七个部分,规范性引用了新农村建设现有国家、行业及地方标准21项,并对经济、环境保护、安全等基本指标进行统一规范和量化,共涉及相关指标36项。

《规范》特别强调以经济、政治、文化、社会、生态"五位一体"的建设内容构成标准的整体构架,以"四美"(科学规划布局美、村容整洁环境美、创业增收生活美、乡风文明身心美)和"三宜"(宜居、宜业、宜游)的美丽乡村建设目标为基础,确定标准的主要技术内容。

根据浙江省美丽乡村建设的整体情况及所处阶段,优良人居环境、经济发展及社会事业发展是当前美丽乡村建设的重点。因此,《规范》的核心和重点落于生态环境、经济发展、社会事业发展、文化建设方面。《规范》要求乡村建设要结合当地的实际,把产业发展规划、土地利用规划和村镇建设规划相融合。规划范围要跳出村域概念,必须考虑与自然环境的协调,考虑与周边村、镇的联动。

《规范》在内容安排上突出定性与定量相结合,量化指标项有36个,量化指标值有40个。针对农村环境保护的薄弱环节,《规范》高标准、严要求农村生活污水治理、农作物秸秆综合利用率、清洁能源普及率等环境重要指标。同时,《规范》还按照乡村的自然禀赋、历史传统和未来发展的要求,最大限度地保留原汁原味的乡村文化和乡土特色。

《规范》强化了村民在乡村建设中的主体作用,并从两个层次就村民作为乡村建设主体的参与程度提出了要求:一是注重开发村民智慧。重视农村文化设施的建设,重视对村民尤其是年轻一代的素质教育、技术培训和生态环境教育。二是营造全民参与的氛围。《规范》提出要及时发布乡村建设相关信息,定期开展居民满意度调查的要求,充分反映乡村建设保民生、促民生的宗旨。

乡村建设是一项庞大的系统性综合工程,涉及方方面面。浙江发布的《美丽乡村建设规范》地方标准只是一个通则性的标准,虽然还有一定的不足,但对于深入研究乡村建设,进一步建立完善覆盖乡村建设各环节的标准体系具有积极的借鉴意义。

(三)地方标准:福建省《美丽乡村建设指南》

福建省是 7 个国家级"美丽乡村标准化"试点省份之一。2014 年 10 月 16 日,福建省出台了《美丽乡村建设指南》(以下简称《指南》)的地方标准,并于 2014 年 11 月 1 日起实施。根据福建省"百姓富、生态美"的战略要求,《指南》借鉴了台湾"富丽新农村"建设经验,就村庄规划、村庄建设、生态环境、产业发展、公共服务等 9 个方面内容提出了 33 项具体量化指标。《指南》强调

"规划先行",强化村民在美丽乡村建设中的主体作用,并明确提出,在乡村建设中不大拆大建、不套用城市建设标准、不拘泥于统一模式。在村庄建设方面,《指南》对福建主要建筑风格进行分类,并以农村文化的保存与农村风貌的维护为主要精神,引导乡村如何建、如何管和如何长效维持。

二、乡村建设模式研究

设计乡村建设模式要符合农村发展规律,有预设的目标、明确的思路和科学的方法。乡村建设的基本思路为:因地制宜开展乡村建设模式设计;用系统论的观点指导乡村建设模式设计;以"政府—科研—企业—农民"四位一体开展乡村建设,形成"政府引导、科技支撑、市场运作、农民受益"的乡村建设新格局。

我国处于城乡发展转型期,加快农村发展、建设美丽乡村是缩小城乡差距、改善农村民生、实现农村生态文明的重大战略。2014年2月24日,中国农业部科技教育司在第二届"中国美丽乡村·万峰林峰会——美丽乡村建设国际研讨会"上发布了中国"美丽乡村"十大创建模式:产业发展型、生态保护型、城郊集约型、社会综治型、文化传承型、渔业开发型、草原牧场型、环境整治型、休闲旅游型、高效农业型。每种模式分别代表了某一类型乡村在各自的自然资源禀赋、社会经济发展水平、产业发展特点以及民俗文化传承等条件下进行乡村建设的成功路径和有益启示。而在实践中,中国目前开展的乡村建设模式可归总为四大模式:安吉模式、永嘉模式、高淳模式和江宁模式。

(一)安吉模式

安吉模式可总结为:产业提升＋环境提升＋素质提升＋服务提升。其最大特点是以经营乡村的理念,立足本地生态环境资源优势,大力发展竹茶产业、生态乡村休闲旅游业和生物医药、绿色食品、新能源新材料等新兴产业。

安吉县是一个典型的山区县,以工业为主导,在经历严重的工业污染之后,2001年提出生态立县发展战略。2003年,安吉县结合浙江省委"千村示范、万村整治"工程,在全县实施"双十村示范、双百村整治"工程,以多种形式推进农村环境整治。2008年,安吉县在浙江省率先提出"中国美丽乡村"建设,计划用10年时间,通过"产业提升、环境提升、素质提升、服务提升",把全县建制村建成"村村优美、家家创业、处处和谐、人人幸福"的美丽乡村。安吉县以创建"中国美丽乡村"国家级标准为目标,将乡村建设的经验提炼总结成指导新时期"三农"工作的一般标准,并用标准化理念和方式提升美丽乡村建设品质,实现了人居环境和自然生态、产业层次和农民收入、公共服务和基础设施的全面提升。主要做法是构建标准体系,强化标准设施,促进标准推广。2008年,安吉县委、县政府就围绕"中国美丽乡村"建设的总目标,制定了36项考核标准。2010年经国家标准化委员会批准,安吉县正式开展"国家级美丽乡村标准化示范县"创建工作。先是建立了工作领导体系,然后明确标准体系构建原则,再全方位制定细化标准。在乡村建设的各个方面引入标准化理念,导入标准化系统,严格依标依规建设,目前安吉县已经针对美丽乡村建设的四个方面实施标准化管理。第一,推进农村产业标准化经营。第二,推进农村公共事业标准化建设。第三,推进生态环境标准化提升。2012年,安吉县在浙江省质量技术监督局的指导下启动"美丽乡村省级规范"起草工作。2014年4月6日,安吉县人民政府、浙江标准化研究院共同起草了我国首个美丽乡村省级地方标准,也就是前面提到的《美丽乡村建设规范》(DB33/T 912—2014)。2016年5月,国家质检总局、国家标准委联合农业部、财政部举行新闻发布会,正式对外发布以安吉县政府为第一起草单位的《美丽乡村建设指南》(GB32000—2015)国家标准。

自2003年以来,安吉县通过环境整治和美丽乡村创建,大大改善了社会经济面貌。尤其是自标准化建设以来,安吉县美丽乡村创建流程逐渐规范清晰,各环节操作渐趋科学合理、简便易行,建设速度进一步加快。通过构建框架完整、有机配套、动态灵活、社会参与的标准体系，安吉县将标准的理念、方法、要求和技术应用于新农村建设的各个领域，并总结提炼出美丽乡村建设的通用要求和细化标准，增强了美丽乡村建设的可操作性、科学性和社会参与性。

（二）永嘉模式

永嘉模式可总结为：环境综合整治＋村落保护利用＋生态旅游开发。

浙江省永嘉县以"环境综合整治、村落保护利用、生态旅游开发、城乡统筹改革"为主要内容开展美丽乡村建设。具体做法主要包括：第一，以"千万工程"为抓手，对环境进行综合整治。第二，以古村落保护利用为重点，优化布局乡村空间。第三，以生态旅游开发为主线，大力发展现代农业、养生保健产业，推进农村产业发展。第四，以城乡统筹改革为途径，积极推进农村产权制度改革，促进城乡一体发展，让农民过上市民一样的生活。

永嘉县乡村建设的主要特点是通过人文资源开发，促进城乡要素自由流动，优化配置和利用城乡资源、人口和土地。

（三）高淳模式

高淳模式可总结为：改善环境＋发展特色产业＋健全公共服务。

江苏省南京市高淳区以"村容整洁环境美、村强民富生活美、村风文明和谐美"为内容建设美丽乡村。具体做法主要包括以下三点：第一，改善农村环境面貌。自2010年以来，高淳区以"绿色、生态、人文、宜居"为基调，对250多个自然村的污水处理设施、垃圾收运处理设施等进行了提升改造，对农村道路进行改造或者新建。同时，扎实开展动迁拆违治乱整破专项行动，使城乡环境面貌得到优化。第二，发展农村特色产业。高淳区以"一村一品、一村一业、一村一景"的思路对村庄产业和生活环境进行个性化塑造和特色化提升；大力实施产供销共建、种植养殖一体、深加工联营等产业化项目；通过村企共建、城乡互联实施一批特色旅游业、商贸服务业、高效农业项目，为农民解决就业，为创业提供便利。第三，健全农村公共服务。高淳区深入推进集就业社保、卫生计生、教育文体、综合管理、民政事务于一体的农村社区服务中心和综合用房建设，不断提高公共服务水平。

高淳区乡村建设的主题是生态家园，以休闲旅游和现代农业为支撑，打出了国际慢城品牌，集中营造了成片的欧陆风情式乡村，由此形成独特的美丽乡村建设模式。

（四）江宁模式

江宁模式可总结为：国企参与＋市场化机制＋社会资本。

江宁区是南京市的近郊区，该地区提出了"三化五美"的乡村建设目标。"三化五美"即"农民生活方式城市化、农业生产方式现代化、农村生态环境田园化和山青水碧生态美、科学规划形态美、乡风文明素质美、村强民富生活美、管理民主和谐美"。为推进乡村建设，江宁区着力抓好七大工程：生态环境改善巩固工程、土地综合整治利用工程、基础设施优化提升工程、公共服务完善并轨工程、核心产业集聚发展工程、农村综合改革深化工程、农村社会管理创新工程。

江宁区通过点面结合、重点推进方式建设美丽乡村。面上以交建平台和街道（该区撤并乡镇全部改为街道）为主，点上以单个村（社区）进行美丽乡村示范和达标村创建。江宁区还积极鼓励交建集团等国企参与乡村建设，以市场化机制开发乡村生态资源，吸引社会资本打造乡村生态休闲旅游，形成都市休闲型美丽乡村建设模式。

从上述较为成功的四大模式的比较来看，美丽乡村建设的经验可归结为以下几点，供其他地方学习借鉴。第一，政府主导，社会参与。政府主导主要体现在组织发动、部门协调、规划引领、财政引导上，而并不是包办一切。永嘉县就坚持政府主导、建制村主办、全员参与。成立了书记和县长担任组长、22 个相关部门一把手为成员的美丽乡村建设领导小组,全面负责乡村建设的组织协调和指导考核工作。乡村建设是一项系统工程,需要各部门整体联动,各负其责,形成合力。为此,安吉县就明确政府不同层级之间的职责定位,理顺各自责权关系。县一级政府负责乡村总体规划、指标体系和相关制度办法的建设、对乡村建设的指导考核等工作;乡级政府负责整乡的统筹协调,指导建制村开展美丽乡村建设,并在资金、技术上给予支持;建制村负责美丽乡村的规划、建设等相关工作。高淳区坚持把财政资金引导与社会资金投入相结合,鼓励企业、创业成功人士共建家园。第二,规划引领,项目推进。例如,永嘉县着眼于统筹城乡发展,坚持近期规划与中远期发展布局相结合,2013 年 5 月编制完成的《县域美丽乡村建设总体规划》,细化了区域内生产、生活、服务各区块的生态功能定位。安吉县美丽乡村建设规划从本地实际出发,自觉地跟区域内的产业规划、土地规划、城乡建设规划等相结合,达到空间布局、功能分布和发展计划的统筹协调、紧密衔接。第三,产业支撑,乡村经营。例如,永嘉县发挥本地生态、旅游、"中国长寿之乡"品牌等资源优势,重点发展现代农业、休闲旅游业和养生保健产业,促进农村产业发展。

纵观四地的乡村建设实践,可以看出各地根据其独特的资源优势打造了多种多样的美丽乡村建设模式,但这些实践中也存在一些共性问题,如乡村建设机制有待创新;主要靠外力输入,内力有待激活;农民参与机制有待建构,公共服务有待改善等。这些问题需要引起各地高度重视,并要妥善解决,以更好地推进美丽乡村建设。

第五节　乡村建设的方法与路径

客观而言,成功的实践,不仅需要有完整的理论做支撑,也需要有科学的方法作为执行的工具。科学、实用而有效的方法，不仅会缩短实践的过程，也可以减少实践中的误判，以取得更好的实践效果。乡村建设也不例外。新时期的乡村建设，不仅要有先进的理念、科学的方法，还需要有正确的路径。只有路径选择正确，才能在最短的时间和以最小成本达到新农村建设的目标。

一、乡村建设的方法

在十多年的乡村建设实践过程中，"北京绿十字"非常注重实践经验的总结和方法的探索，由此形成了一套较为完整的乡村建设方法——调查、培训、合作和复制。调查，即走进乡村，深入调查，了解乡村，熟悉农民。培训，即通过观念更新、技能培训，开启民智，提升民力。合作，即通过农民、政府和NGO三方合作，凝聚共识（理念与规划），形成新农村建设的合力。复制，即推广成熟案例的理念、经验和方法，推广到后来的乡村建设过程中。

（一）调查

在调查这个步骤里，其工作主要包含以下两大方面。

（1）深入调查，了解乡村现状，重视"乡村圈文化"①。按学者孙君的说法，"乡村圈文化"就是以姓氏和血缘为同心圆的乡村文化。中国的乡村，是一个根植于中国传统文化内涵的乡村，是一个以伦理为基础的乡村社会。伦理思想既是实现乡村社会长治久安的长效机制，也是传统中国农民日常生活中共同遵守的普适价值观念。它不但是调适人际关系的基本规范和基本准则，而且是中国封建制度合法性的基础。传统伦理思想在当代中国乡村充分表演创造了舞台，人情、面子，既成为调节人际关系的重要阀门，又在一定程度上掩盖了利益关系的真正面目。正是这种乡村社会的特性，必须要把知晓乡村的历史文化作为乡村建设实践的

---

① 孙君.农道[M].北京:中国轻工业出版社,2011:18.

第一重要步骤的实践方法。

（2）根植社会，亲近农民，实现倡导者身份的转变。一个从事乡村建设的倡导者、实践者要真正实现乡村建设的目标，就要努力使自己成为乡村中的一分子。为此，必须从以下几方面下功夫。第一，了解乡村的文化和历史。每个乡村都有自己不同的文化特色和历史渊源，不同的文化和历史背景很大程度上决定了其生态环境与生理特性，这些特性又塑造了特殊的文化和民俗，并由之形成本地域人们独特的生活习惯和行为方式。只有了解乡村的地域文化特色和历史背景，才能更好地开展乡村建设实践活动。第二，熟悉农民的语言和交往方式。不同的群体因文明程度的差异性和所受的教育不同，其语言习惯和交往方式也存在很大的差异。在乡村建设实践中，要懂得农民的生活方式，熟悉农民的语言习俗，才能更好地与农民进行交流和沟通。第三，虚心向农民请教。只有这样，才能了解真实的乡村，了解真实的农民。第四，努力使自己成为农民中的一分子。要做到这一点，就必须要深入农民的家中，真实体会农民的生活，了解农民的心理世界，以更好地开展乡村建设工作。

（二）培训

观念决定思路，思路决定命运。走进乡村，开启民智的目的就是要转变农民的观念，教育培训是重要的手段。实施免费职业教育和职业培训，让农民免费培训后直接就业，学校和企业联合在一起。乡村干部作为乡村里的精英分子，他们的行为意识和思维方式不仅决定国家在农村发展方面的政策、方针是否走样，而且在某种程度上也直接决定了乡村发展的走向和农民的富裕程度。乡村建设必须"从干部思想观念更新开始"。培训乡村精英是"北京绿十字"乡村建设实践过程中转变干部观念的最有效手段。培训方式采取课堂讲授、案例教学、录像教学、交流研讨、现场观摩等形式。紧贴农村工作的实际，增加一些农业技术操作、调研课题等实践活动，使培训工作更好地为村干部做好实际工作而服务。提升基层村干部综合素质能力,使其成为有文化、懂技术、会经营的新型职业农民的带头人。四川眉山市仁寿县就是立足县情实际创新模式,采取"课堂＋专家""农技＋交流""互联网＋村干部"等一系列组合式培训"套餐"。

（三）合作

乡村建设理念和规划,离不开农民、政府和 NGO 的三方合作。这些相关内容将在后文的"乡村建设的路径"中进行详细的阐述。

（四）复制

好的乡村建设理念,不应只成为工程的亮点,更在于推广与复制过程中的普遍价值,以求模式覆盖面的最大化和模式扩展的可持续性。复制和推广既有的成功经验和实践方法,已经成为乡村建设未来发展的客观需要。用通俗的语言将经验和方法制作成教材,满足乡村干部和农民在乡村建设中的需要。

二、乡村建设的路径

"北京绿十字"经过十多年的探索,就乡村建设提出了"农民参与,政府主导,NGO 协助"三方合作的参与式合作发展路径。

（一）农民参与

农民是推动新农村建设与发展的主要力量。乡村建设是农民自己的建设,乡村建设目标仍然要靠广大农民群众的积极参与和大胆探索。因此,在乡村建设中,要充分尊重农民群众的首创精神,鼓励他们围绕乡村经济的持续发展参与乡村建设的实践和探索。同时,要激发农民自主创业的潜能。乡村建设的组织者和实践者,在乡村建设的过程中要努力唤醒农民的参与意识,充分调动农民的参与积极性。

要发展农民参与乡村建设，首先乡村建设与规划者就要深入群众，注重调查研究，到群众中去，多听听老百姓的声音，多征求群众的意见，要从农民的生产生活需求出发。在干什么、不干什么的问题上，要按照农民自治中"一事一议"的民主议事制度来决定，而非以命令的形式让农民参与其中。其次，要加强对农民技能的培训，通过这些培训转变农民落后的思想观念，树立起农民在技能培训方面的文化氛围，调动农民的积极性，将先进文化带到比较落后的村寨，提高农民的文化素质水平。

（二）政府主导

要实现乡村建设目标，必须融入政府，依靠政府，处理好与政府的关系。在此当中，乡村两级基层组织具有不可替代的特殊地位。两级基层是乡村资源的分权者，他们的言行直接或间接影响到乡村发展的走向和农民的思维观念。乡村基层组织是乡村建设的重要推手。乡村建设作为新时期党和国家改善农村环境、发展农村经济的一项民心工程，各级政府官员理应成为这项工程的组织者和推动者。乡村两级组织握有决定农民未来命运的行政资源，因此依靠政府成为乡村建设的必然选择。另外，单纯市场机制的作用可能加剧农村和城市发展的不平衡，这就需要政府在乡村建设中起主导作用。地方政府的主导性作用是无法替代的，但要使这种作用得到充分的发挥，必须要处理好与农民的关系，必须明确政府的主导作用不是包办替代，而是必须要把农民作为政府扶持的对象，又必须从思想上充分认识农民是乡村建设的主体。对此，也就是要解决好政府"导什么"和"怎么导"的问题。"导什么"就是要针对农村的需要，从财政支出等方面提供更多的服务；"怎么导"就是要建立以农民需求为导向的主导机制，还要健全基层民主制度，让农民充分表达自己的意愿。

此外，在乡村建设中，政府应不断完善制度建设，提高政策保障能力。乡村建设是包括农业产业发展、社区建设、生态环境、基础设施、公共服务在内的系统工程，为了实现农村地区经济、政治、文化、社会和生态建设"五位一体"的发展，中央和地方政府要制定一系列的政策作为保证，如加大惠农政策力度、拓展优势特色产业、完善生态补偿机制等，以此来推动农村产业的发展，提高农业经济，发展农民生活水平。

新时期的乡村建设不仅要注重经济效益，还要注重生态效益，共建"美丽乡村"，这就要求国家和政府要引导乡村建设立足本地实际，大力发展绿色经济、循环经济，推动经济发展与环境保护协调发展，将生态文明建设融入各项工作中，合理有序地保护和利用好自然资源，加快建设资源节约型、环境友好型产业，促进农村地区的社会经济和环境协调发展。

促进乡村经济和生态环境协调发展是用于引导乡村"外在美"的措施，在促进乡村"外在美"发展的同时，国家和政府也应注重"内在美"，注重农业文明的保护和传承。对此，我国已经有所发展，如2013年中央一号文件指出要"加大力度保护有历史文化价值和民族、地域元素的传统村路和民居""切实加强农村精神文明建设，深入开发展群众性精神文明创建活动，全面提高农民思想道德素质和科学文化素质"等。这些措施的出台都有助于加快乡村文化建设，倡导文明健康的乡村文化之风。

（三）NGO协助

NGO是农民和政府沟通的桥梁、纽带，它把微观和宏观的发展努力联系起来，把农民、地方政府、市场以及专家、学者、志愿者联系在一起，通过农民、地方政府和NGO群体的分工协作，形成三方共赢的合作局面。类似"北京绿十字"这样的NGO因规模小、组织运作灵活的特点，使其在乡村建设中对农民的新需求能做出相对政府的较快的反应，并提供相应的服务。一方面，可以通过它争取社会资金的自主，来填补政府用于乡村建设资金的不足；另一方面，在目前农村对地方政府普遍存在信任危机的时候，它也可以在成为政府与农民之间桥梁的同时，成为农民与政府矛盾冲突的防火墙，成为乡村社会稳定的安全阀。因此，相对独立的 NGO 可以涉足乡村建设中一些不被政府关注的事业和尚未形成社会共识的一些工作。因为,农民至少觉得 NGO 不会从自己身上收取一分钱的好处,因而 NGO 具有良好的社会信誉,与当地民众和基层组织的关系更为密切,从而可以挖掘到更多的可用的社会资源,并能辨别新的问题,使问题引起社会和政府的关注。也因为如此,NGO 更容易接近农民,成为农民信赖的新的乡村建设理念的传播者和组织者。

此外,NGO 的自治性和自愿性特征是促进政府、农民以及专家、学者、企业和志愿者以及市场合作的推力。自治性指的是 NGO 与地方政府和农民都没有直接的隶属或厉害关系,而是通过自由奉献精神将一批专家、学者和志愿者集合在一起,形成一个相对宽松的组织,也正是因为它的这种宽松性,才能吸引各方参与。

总之,乡村建设作为一个庞大而复杂的社会改造工程,单靠农民、政府和 NGO 任何一方的力量是无法完成的。因此,在乡村建设中,应注意整合农民、政府、NGO 三方面的力量,并使之开展有效合作,只有这样,才能解决当今乡村建设中出现的问题,也才能实现乡村建设的预期目标。

第三章　农村人口规划与建设

新时期乡村规划与建设的目的在于提高农村人口的生活质量,而提高农村人口的生活质量就需要做好农村人口的规划与建设,因为农村人口不仅是新时期乡村建设与规划的实施者,而且也是新时期乡村可持续发展的重要力量。鉴于此,本章在分析农村人口与人力资源情况的基础上,分析了农村人口预测与人力资源规划的实施,同时研究了新型农村民族模型的构建和新型农民的开发。

第一节　农村人口与人力资源分析

根据国家统计局发布的 2015 年全国 1％人口抽样调查主要数据公报显示,大陆现行人口中,城镇人口为 76 750 万,占人口总数的 55.88％;农村人口为 60 599 万,占人口总数的 44.12％。其中,农村人口相比 2010 年全国第六次人口普查中的数量下降了 6 816 万,[①]这说明我国已经迈入城镇化时期,这也必然导致我国农村人口数量的下降。然而由于农村人口数量本身基数很大,因而在未来一段时期内,我国的农村人口数量依然会占据主要地位。所以,进行农村人口规划和建设是十分必要的,而在此之前,我们必须先做好农村人口与人力资源的分析。

---

① 国家统计局.2015 年全国 1％人口抽样调查主要数据公报[OB/OL]. http://www.stats.gov.cn/tjsj/zxfb/201604/t20160420_1346151.html.

一、农村人口分析

当前人们对农村人口结构的评价有一个很形象的比喻,即"386199"部队。它的意思是,我国的农村正在成为一个只有"妇女、儿童和老人"的群体组织。[①] 农村人口结构压力的矛盾由此可见一斑。

(一)农村人口性别结构分析

人口的性别结构是反映人口情况的基本特征之一,它通过一定时空范围内男女人口之间的比例可以显示某个地区或国家人口的性别结构是否合理或协调。其具体计算公式如下所示:

$$性别比 = \frac{男性人口}{女性人口} \times 100\%$$

就我国农村人口的性别结构来看,在 20 世纪 80 年代以前,人口的性别比例基本上保持在一个正常的范围内,然而自进入 90 年代以后,人口的性别比例甚至已经达到了 122.2%[②],这意味着约 22% 的农村男性在婚育年龄找不到伴侣,即农村地区在婚龄人口上出现明显的"婚姻挤压"。

传统的重男轻女的生育观念是造成这一现象的主要原因。具体来看,相比城镇地区,经济发展相对较为落后的农村地区的人们思想观念更为落后,传统重男轻女的生育观被根深蒂固地留存了下来。虽然改革开放以来,我国全面实行计划生育政策并广泛宣传男女平等的观念,但这并没有根本转变人们头脑中的传统生育文化观念,再加上胎儿性别选择技术的非法使用,为农村地区人口出生的性别鉴定提供了技术支持,从而人为地降低了女性出生的比例,增加了男性出生的比例,进而导致了农村性别比例

---

① 任远.农村人口结构失衡.人口迁移流动性壁垒亟待破除[D].中国社会科学报,2014-1-17.

② 刘清芝.中国农村人口结构综合调整研究[D].东北农业大学博士论文,2007.

的失衡。

(二)农村人口年龄结构分析

人口年龄结构就是各年龄组人口数量占总人口数量的比重，它是过去一定时空范围内自然增长和人口迁移变动综合作用的结果，也是今后一段时空范围内人口再生产变动的起点。为了便于分析与规划，常采用人口年龄构成图与百岁图(也称为人口宝塔图)来直观表达人口的年龄构成(图 3-1)。百岁图是区分两性按年龄或年龄组绘制的，它兼顾了性别和年龄，非常直观易懂。

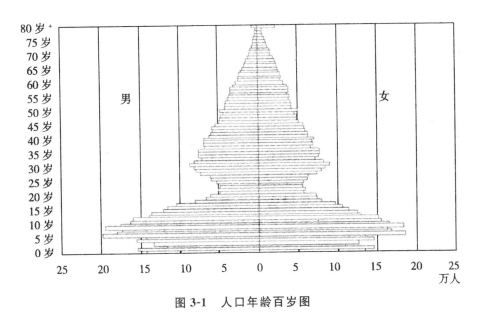

图 3-1　人口年龄百岁图

分析年龄构成对农村区域规划有非常重要的意义：它可以帮助规划人员看出人口就业情况与劳动潜力；可以通过掌握少年儿童和老年人口的数量和发展趋势，按以人为本的原则合理制定托、幼及中小学教育设施和老年人康乐服务设施的规划指标。此外，通过分析年龄结构和育龄妇女人口数量，可以判断农村人口自然增长的变化趋势，为预测农村人口自然增长提供科学依据。

根据《中国城乡老年人口状况追踪调查》显示，中国农村老年人占全国老年人总数的 73.7%，而其中 39.3% 的老人生活相对贫困,45.3%的老人生活得不到保障①。说明当前农村已经进入老龄化时代,然而农村经济发展却没有赶上其老龄化的速度,出现未富先老的情况。此外,由于青壮年劳动力外出打工,致使农村留守儿童的现象也较为严重,2016年11月,民政部公布了其自同年3月底以来开展的农村留守儿童摸底排查结果。数据显示,全国排查出农村留守儿童902万人,36万青少年处于无人监护的状态②。这种年龄结构失衡的现状致使许多家庭支离破碎,另外,青壮年的外流也将农业生产的重担全部转移到生产力较弱的老人、儿童身上,农业生产的家庭职能迅速下降,不利于农业经济的健康发展。

(三)农村人口的文化构成分析

文化构成反映的是人口的受教育情况,即人力资源的质量。一般情况下,对人口文化水平结构的测算主要是先将人口资源按其受教育程度分组,然后计算出一定文化程度以上或以下的人口比例。

对农村区域而言,高中及以上文化程度的人口比重和农村技术人员的比重这两个指标是衡量农村区域人口与人力资源质量的重要指标。分析农村区域人口的文化构成不仅是研究农村产业发展战略及对策的重要因素,也是农村区域规划中如何落实经济、社会发展战略的重要方面。

(四)农村人口素质分析

人口素质是衡量农村经济发展状况的一个重要指标。从我国农村的人口素质情况来看,由于本身农业人口基数较大、受教育程度较低,因此相比发达国家而言,我国农村人口存在最大的问题便是文化素质较低。同时,由于农业经济发展速度相对较为缓慢,致使农村人口人均拥有的物质资本量本身就很少,再加上

---

① 盛文明.浅谈我国农村人口年龄结构问题及对策.赤子(中旬),2013(7).
② 吴为.中国农村留守儿童达902万 36万无人监护.新京报,2016-11-9.

长期受城乡二元制的束缚,农村的教育事业相比城市而言更为落后,这些因素都是造成农村人口素质较低、农业经济发展较为缓慢的重要原因。

考虑到人口素质分析一般主要从体魄、智力、思想道德三个方面入手,因此这里对农村人口素质的分析也主要从其身体素质、文化技能素质和思想道德素质三方面入手。

具体来看,在身体素质方面,受人口食物结构与营养指标(每人每天食物热值与每年人均食用肉蛋类数量)、每万人的医生拥有量和病床占有数、卫生用水状况、人均住房面积、闲暇时间的利用状况等因素的影响,农村人口的身体素质相较城市人口而言要差。这一点可以通过全国体质监测调查得到证实,例如,总体上来看,农村人口的体质在力量性上要好一些,但在柔韧性等身体状况上却明显有所欠缺。

在文化技能素质方面,在综合考虑农村教育经费和科研经费分别占国民生产总值的百分比、占公共支出的比重,农业科研机构、各级各类农村学校的设置状况,广播、电视的覆盖率与收音机、电视机、录音机等电器的万人使用台数,农村图书、报刊发行量,农村文化活动中心、农民书屋等文化服务设施的数量与分布等情况之后,我们认为,相较城市人口而言,农村人口的文化技能素质相对较弱,还需要进一步地提高。

在思想道德素质方面,相较过去而言,农村人口的思想道德素质有了一定的提升,但由于受总体经济水平制约,中国农村各地区之间按人口平均对教育事业的投入差异很悬殊,再加上原本存在于农村的一些陋习和封建迷信等的影响,农村人口的思想道德素质仍有很大的提升空间。

二、农村人力资源分析

我国是一个农业大国、农民大国。根据全国第六次人口普查数据显示,我国农村人口数量达 67 415 万人。按全国人口年龄占比分析,在农村 16 岁及以上劳动年龄人口中,16～20 岁年龄组人口比重为 9.1%,21～30 岁为 17.4%,31～40 岁为 18.4%,41～50 岁为 20.4%,50 岁以上为 34.7%。[①] 这就相当于在我国农村约有 37 887 万劳动力,可见农村劳动力人口数量之多。

在这些劳动力中,由于农业劳动生产率的提高与农业技术的不断进步,促使农村中也存在大量的剩余劳动力。这一点我们可以通过国家统计局发布的 2013 年农民工监测调查报告的相关数据予以展示。根据该报告,在 2013 年全国农民工较 2012 年增加 633 万人,增长 2.4%,这必将对我国农村耕地和生态环境的保护以及农村人口就业形成巨大压力。可见,我国农村人力资源数量极其丰富,但是人口增长过快与农业生产发展相对滞缓形成了尖锐矛盾,农村人口数量众多已成为农村经济发展的沉重包袱。

出于经济、发展等方面的原因,农村人力资源出现大量外出转移的现象。在农村劳动力大量外出转移的过程中,也带来了农村人力资源的流失问题。据统计,新中国成立以来,农业院校培养了大约 130 万大中专毕业生,有 80 多万人离开了农业,40 多万人虽然留在农业,[②]但真正在第一线从事农业技术工作的只有 15 万人。另据农业部对农业院校毕业生去向的调查显示,一般农业大学有 26.7% 的毕业生毕业后去乡镇工作,重点大学毕业生仅有 13.7%。[③] 此外,在转出的农村劳动力中,也有一部分人带着技术和资金返回农村,但比例相当低。当前,农村转出劳动力的回流前景并不好,虽然回流比例逐年上升,但由于农村中具有较高文化和较高科技素质的劳动力外流现象比较严重,农村人力资源的数量和质量同时受到影响。

[①] 宏观,章轲.中国社科院:农业劳动力数量被严重高估[OB/OL]. http://www.yicai.com/news/3203529.html.

[②] 高建勋.农村人力资本流失对农业经济发展的影响及对策[J].安徽农业科学,2004(6).

[③] 张兴军.农业院校"离农"现象调查:新型农民培养为何遇冷[N].半月谈,2008-1-23.

第二节　农村人口预测与人力资源规划

人口预测是对未来人口的估算,它是以人口的过去和现状为依据对人口今后的发展趋势做系统推断的一种科学方法。由于人口预测只是将人口过去的变化情况延伸到未来,是在现有人口构成和再生产水平的条件下顺应人口自然发展趋势对未来的推算。因此,人口预测的结果可以当作是过去或现在的人口实况在未来银幕上的投影,勾勒出未来的发展蓝图或制订的详细计划。

一、农村人口预测

(一)农村区域总人口预测

农村区域总人口预测(此处主要指乡域或镇域范围总人口),是指以某一农村区域人口现状为基础,并对未来该农村区域人口的发展趋势提出合理的控制要求和假定条件(参数条件),来获得对未来人口数据提出预报的技术或方法。

具体来看,进行农村区域总人口预测与一般人口预测的原理一样,都是在对未来人口增长过程的各因素假设定量的基础上,通过当前人口现状及其历史资料,根据一定的人口规律揭示的各种因素的互相关系所建立的预测公式所进行的人口预测。通常情况下,进行农村区域总人口的预测可以采取以下四种方法。

1. 劳动平衡法

这种方法是根据国民经济发展计划、经济的增长,确立新增基本人口数量,然后按基本人口占地区人口的比例,推算总人口的一种方法。它是在根据一定比例分配社会劳动力的基础上,通过对农村区域基本人口(直接参加农业生产劳动的劳动人口)、服务人口（从事行政管理和服务辅助工作的劳动人口）、被抚养人口（未成年或丧失劳动力的人口）之间的比例关系来预测未来一段时期内一定区域范围内农村总人口的方法。其计算公式是

$$P = \frac{A}{1-(B+C)}$$

式中，P 为规划年人口数；A 为基本人口数；B 为服务人口数占总人口的比重（％）；C 为被抚养人口数占总人口的比重（％）。

2. 人口增长法

这种方法也被称作递推法，是将农村区域发展分为若干阶段，然后根据不同阶段内影响人口变化的因素确定有关参数，向前递推预测人口总数的方法。其计算公式是

规划总人口数＝现状人口数×（1＋自然增长率＋机械增长率）^{规划年限}

这种方法虽然没有采用数学的相关因子回归分析严密，但它能根据影响农村地区人口变化的因素进行定性分析，并能动态地修正有关参数向前推算预测，因而更为科学。

3. 一元线性回归法

这种方法也被称作实践趋势外推法，是根据成对的两种变量的数值，拟合一元线性回归方程式，根据自变量的变动，来预测因变量发展变动趋势和水平的方法。当农村区域人口与时间具有一定相关关系时，就可以用总人口数作为纵向坐标轴（因变量），以时间为横坐标轴（自变量），将过去某一历史时间段内的总人口数据在图上标出，观察散点分布，确定总人口的增长趋势，然后根据这种趋势来选择合适的预测模型对人口数据进行一元线性回归拟合（如可采用直线型、几何指数型、对数曲线型等）。

4. 多元线性回归

这种方法是从多个变量中选一个因变量，而把其余变量作为自变量。根据多个自变量的变动，来预测因变量发展变动趋势和

水平的方法。人类社会系统由人口和其他多种要素组成,同时人口与各要素之间相互联系、相互影响和相互制约着。因此可以根据人口与其他多种要素之间的定量关系,预测出未来不同发展阶段的农村区域总人口数。

(二)村庄人口预测

村庄是农村社会的基本聚居形式和地域单位,也是农村社区开展各类生产生活活动的经济、组织基础。进行村庄人口预测有助于乡村建设与规划者了解村庄的基础,做好乡村建设的相关规划。

由于村庄社会经济状况复杂,类型繁多,各具特点,因此可按不同的分类标准划分为不同的村庄类型。如按照产业分工与产业结构变化,村庄可划分为传统农业型村庄、养殖型村庄、资源型村庄、工业型村庄、旅游型村庄、商贸型村庄、服务型村庄、综合型村庄;按照地理区位特征可分为城中村、郊区村和自然村等。那么在村庄人口预测中就必须考虑到村庄机械人口数量的增减可能是由不同原因形成的,应根据实际情况选择合适的机械人口预测方法。此处给出村庄人口预测的通用公式:

$$M = m \times (1+a)^n \pm N$$

式中,M 为规划期末村庄人口数;m 为基期村庄人口数;a 为年自然增长率;n 为规划年限;N 为规划期内人口机械增长数。

(三)农村出生人口预测

每年出生人数的多少取决于两个因素,一是有生育能力的妇女人数,二是她们的生育水平。因此,对于农村出生人口数量可以通过育龄妇女生育率与育龄妇女人数的相乘得到。

其中,预测年份的育龄妇女数,可按现有的育龄妇女数用年龄移算法推算出来(除去死亡数)。预测年份的育龄妇女生育率可用现在实际生育率,也可以用按照计划生育提出的生育要求将会出现的生育率。用实际生育率预测未来出生人数的方法,称实际生育率法。用符合一定标准的生育率预测未来出生人数的方法,称标准生育率法。

用一般生育率预测未来出生人数,由于受育龄妇女年龄结构变化的影响,准确性不高,现在一般用分年龄生育率来预测未来出生人数。方法是用今后某一年某个年龄的妇女人数,乘以该年龄妇女的生育率,得出该年龄妇女预计生育的婴儿数。然后,再将各个年龄妇女预计生育的婴儿数相加,就可得出全部预测的出生人数。计算公式如下:

预计某年出生人数＝(某年某一年龄组妇女人数×该年龄妇女生育率)之和

即
$$B = \sum_{x=15}^{49} W_x \cdot f_x$$

式中,B 为某年出生的人数,W_x 为 x 岁组妇女人数,f_x 为 x 岁组妇女生育率,$\sum$ 为连加符号,求和范围为 15～49 岁。

(四)农村死亡人口预测

每年死亡人数的多少取决于两个因素,一是当时的人口数,二是当时的死亡率水平。预测未来各年的死亡人数时,也要根据这两个因素的预计数值。

预测死亡人数,可以按全体人口的总死亡率来推算,也可以按年龄别死亡率分别推算各年龄的死亡人数,然后再汇总成总的死亡人数。如果按总死亡率推算死亡人数,可用下面公式:

预计某年死亡人数＝预计该年的平均人口数×该年的总死亡率

一般情况下,死亡率的变化是比较稳定的,在进行不太长的人口预测时(如 5～10 年内),可以假定死亡率水平不变,利用现有死亡率数字进行推算。问题是未来各年的人口总数如何确定。每年年初(也就是上年年末)的人口总数是根据上年的情况推算出来的。在排除迁移因素情况下,推算公式如下:

年初人数(上年年末人数)＝上年年初人数＋上年出生人

数－上年死亡人数

　　未来各年的人口总数也可按此公式推算出来。有了这个年初人数,就可以推算当年的死亡人数。为了计算的方便,不一定使用通常的死亡率指标,可以用每年死亡人数对年初人数之比这样一个系数,只要把预测出的年初人数乘上这个系数,就可以推算出当年预计的死亡人数。

　　用总死亡率来推算未来死亡人数,所需资料少,计算简便。如果推算期不长,总死亡率变动不大,可以用这一方法。但是,如果人口年龄结构发生变化,总死亡率的数值也会发生变化,这时最好使用分年龄死亡率来进行预测。计算公式如下:

　　预测某年某年龄组死亡人数＝预计该年龄人数×该年龄死亡系数

　　　　预测某年全年死亡人数＝各年龄组死亡人数之和

即
$$d = \sum dx$$

　　这里的预计该年龄人数也是用年初人数,死亡系数也是用死亡人数与年初人数之比。这里的分年龄死亡系数,可以一直用开始预测时的数值,也可在不同时期用不同的数值。但一般在预测期不是太长的预测计算中,可以一直使用开始预测时的数值。

二、农村人力资源规划

　　农村人力资源规划实际上就是根据一定时期内某个农村区域可持续发展的需求和目标,制定的意在使农村人力资源的数量、质量等都能与本区域资源、环境、经济等相协调的用于指导和调节农村人力资源发展的一种计划。一份科学的农村人力资源规划一般涉及农村区域人力资源的预测、教育培训、合理配置、人地协调等环节。考虑到农村社会发展的实际情况,这里主要分析一下农村人力资源质量规划的内容。

　　农村人力资源质量规划实际上就是发展农村人口素质的规划,它是提高农村人力资源状况的重要设计。考虑到我国农村人口素质的现实情况,一般农村人力资源质量规划包括多方面的内容,下面主要分析一下其中最重要的两项内容。

(一)大力发展教育

教育是提高人口素质的重要手段,我国农村人口素质较低的一个重要原因就是教育相对较为落后,因此要发展农村人口素质就需要大力发展教育。同时,考虑到基础教育在提高人口素质方面的重要作用,以及农村人口接受教育的现实情况,因此这里的发展教育首先指的是发展基础教育,即加快推进"两基"攻坚战,巩固提高普及义务教育的成果和质量;大力实施农村现代远程教育工程;建立和完善教育对口支援制度,加强城市对农村教育的服务和支持;落实农村义务教育"以县为主"管理体制的要求,加大投入,完善经费保障机制。

除了基础教育之外,农村地区还应通过各种形式、途径积极发展农村职业教育和成人教育,以培养懂技术、懂科学、会种田的新型农民,促进农业科技的推广应用和农村劳动力的转移,增加农民收入。

(二)健全农村社会保障体系

受城乡二元体制的影响,长期以来,我国农村地区皆被隔绝在社会保障体系之外,致使农村地区的社会保障体系要薄弱得多,而这也对我国农村人口的素质造成了较大影响。因此,要想大力发展农村人力资源的质量,就需要不断健全农村社会保障体系。这就需要加强农村公共卫生和基本医疗服务体系的建设,积极推进新型农村合作医疗制度建设工作,加强农村基础卫生建设,引导农民树立科学、合理的饮食卫生结构。同时,还要逐步建立起与农村经济发展水平相适应、与其他保障措施相配套的农村社会保障体系,为农村人力资源开发提供可靠的保障机制,加快农村社会保障的立法进程,实现社会保障制度的法制化、规范化。

第三节　新型农民素质模型的构建 与新型农民开发

农业发展到今天,"农民"的内涵已经发生了很大变化。长期以来扣在其头上的"贫穷、落后、封建"的帽子渐渐被摘掉,转而以新型农民的身份成为当今社会中的重要一员。

一、新型农民素质模型的构建

新型农民的概念是在新农村建设的背景下提出的,因此对新型农民素质的探讨也应围绕在新农村建设需求的指引下,只有这样,基于新型农民素质的研究,才能进一步上升到新农村建设中对新型农民开发制度建设的层面,才能保证新型农民的培养没有偏离新农村建设的方向。从新农村建设"生产发展、生活宽裕、乡风文明、村容整洁、管理民主"的建设要求来看,新型农民就需要与落后、封建、低俗的传统生活告别,形成健康、文明、向上的生活方式,做好新型农民素质模型的构建。下面对新型农民素质模型的内容进行具体阐述。

(一)思想道德

思想道德素质是新型农民的首要素质。新型农民思想道德包括社会公德、家庭美德和个人价值观三个方面。

1.社会公德

社会公德是新型农民在社会交往和公共生活中应该遵循的行为准则,涵盖了人与人、人与社会、人与自然之间的关系。对于新型农民而言,是否有社会公德主要看其是否存在以下行为。

(1)行为言语粗俗,存在损坏公物、破坏环境、无视环境卫生,乱倒垃圾、乱泼废水的行为。

(2)宽厚仁爱,乐善好施,是否自觉参与环境保护行为,维护农村生态和谐平衡。

2.家庭美德

家庭美德是新型农民在家庭生活中应该遵循的行为准则,涵盖了夫妻、长幼、邻里之间的关系。对于新型农民而言,是否有家庭美德主要看其是否存在以下行为。

(1)会虐待老人、打骂小孩,剥夺小孩尤其是女孩的受教育权。

(2)有男尊女卑的思想,是否存在夫妻地位不平等现象。

(3)与邻里关系良好,主动关心帮助邻里,积极解决邻里间纠纷。

3.个人价值观

个人价值观是指新型农民对周围的客观事物(包括人、事、物)的意义、重要性的总评价和总看法。对于新型农民而言,评价其个人价值观主要看其是否存在以下行为。

(1)信奉金钱至上,见利忘义,为非作歹。

(2)抵制落后的、封建的、低俗的生活方式,是否参与赌博、封建迷信活动。

(3)积极主动影响他人一同建立正确健康的金钱观,倡导文明、向上的生活方式。

(二)法律意识

在法制社会下,新型农民还应拥有一定的法律意识,要对现行法律的要求有所了解,对自己的权利义务有所明确等。具体来看,新型农民的法律意识包括政治意识、法治观念、民主素质三要素。

1. 政治意识

政治意识主要是指新型农民对国家政治、经济制度、政策的理解水平以及参与程度。对于新型农民而言,评价其政治意识主要看其是否存在以下行为。

(1)有破坏社会主义、集体主义,阻碍国家政治经济政策的实施的思想和行为。

(2)对国家关于农业、农村、农民的政治经济政策有一定的了解。

(3)会主动获取国家政治经济政策信息,积极投身于新农村建设。

2. 法制观念

法制观念是新型农民在参与有关法律的社会实践过程中自身认识发展的内化与积淀,是主体将自己的经验和法律知识加以组合的结果。对于新型农民而言,评价其法制意识主要看其是否存在以下行为。

(1)知法守法,主动学习生产生活中需要应用的法律,并合理应用维护自己的权利。

(2)擅长于法律的应用,并积极鼓励、帮助他人学习和应用法律。

3. 民主素质

民主素质是指对于民主制度的认可和把握,对于参与国家和社会管理的自觉要求和觉悟。对于新型农民而言,评价其民主素质主要看其是否存在以下行为。

(1)对集体不关心,对自己的民主权利不关注,存在等、靠、要和怕竞争、怕风险、怕负责的观念,以一种消极的身份参与农村政治民主生活。

(2)会故意扰乱政治民主,在村委会选举等民主活动中,剥夺他人政治权利牟取私利。

（3）在自己的利益受到侵害时敢于向政府和干部表达自己的异议、不满甚至上诉和反抗。

（三）文化水平

新型农民是具有较高文化水平的农民，他们应具备听、说、读、写等基本技能和诸如观察、认识、分析、判断等能力。具体来看，新型农民的文化水平主要包括文化知识和精神文化生活两个方面。

1. 文化知识

文化知识是指新型农民接受教育的程度，掌握文化知识量的多少、质的高低，以及运用于农业生产实践的熟练程度。评价新型农民的文化知识情况主要看其是否存在以下行为。

（1）不识字、不识数。

（2）具备语文、数学等基础的文化知识，能识字、阅读、识数、计算，懂得生活生产中的基本常识。

（3）懂得基本生活常识、历史常识、自然常识、法律常识以及部分哲学、经济学、政治学、管理学等知识。

（4）兼通自然科学知识和社会科学知识，主动将知识在生产经营实践中广泛应用，并积极传播。

2. 精神文化生活

精神文化生活是新型农民的非物质生活，是精神享受的来源。评价新型农民的精神文化生活情况主要看其是否存在以下行为。

（1）娱乐生活和娱乐方式健康、积极，参与吃喝嫖赌等活动。

（2）主动参与乡村组织的各类文体活动，如唱戏、跳秧歌、划龙船等。

（3）有一定的艺术欣赏能力和审美能力，积极进行乡村文娱组织的组建,带动乡邻共同保护非物质遗产。

(四)技术水平

新型农民是具有良好技术水平的农民,他们应掌握必要的科学技术知识和劳动经验、生产技能,并能因这些技能获得一定的利益。具体来看,新型农民技术水平包括科技知识和生产技能两个方面。

1.科技知识

科技知识是指新型农民对科学现象、科学原理的理解和应用程度。评价新型农民的科技知识主要看其是否存在以下行为。

(1)崇尚科学、反对迷信,是否只懂得农历、农谚等传统知识的使用。

(2)尊重知识、相信科学,是否懂得日常科技常识,科学种田、文明生产。

(3)能应用广播、电视、报刊、电话、互联网等现代工具,有效获取生产生活科技知识和信息,并能合理使用。

(4)主动传播科学的生活生产方式,宣传科技进乡,宣扬科学致富。

2.生产技能

生产技能是指新型农民接受职业教育的程度,掌握科学技术技能的多少、质的高低,以及运用于农业生产实践的熟练程度。评价新型农民的生产技能主要看其是否存在以下行为。

(1)对参加各种技能培训感兴趣,并敢于尝试各种新的农业生产技术。

(2)主动学习掌握现代农业技术知识与生产技能,在生产实践中善于总结经验教训,并积极进行推广,鼓励和带动周边村民共同使用现代技术技能致富创收。

（五）经营管理与产业开发能力

新型农民是具有良好经营管理与产业开发能力素质的农民。经营管理与产业开发能力主要是指农民从事农产品营销、对农产品市场的适应能力和管理农村经济社会的能力。具体来看，新型农民经营管理与产业开发能力包括市场意识、信息接收与反馈能力、市场参与和适应能力、市场开拓能力、人际协调能力五个方面。

1.市场意识

市场意识是指新型农民的竞争意识、质量意识、经济意识、时间观念、管理观念等。评价新型农民的市场意识主要看其是否存在以下行为。

（1）习惯于传统的生产经验，是否愿意接受新事物，是否对市场经济、农业科技、现代化的生产方式和经营管理都有排他性。

（2）有一定的竞争意识，是否会计算成本、规模、产量、利润，并会利用努力学习新技术提高农作物的产量和质量，努力扩大规模效益。

2.信息接收与反馈能力

信息接收与反馈能力是指新型农民获取信息的渠道情况、对信息的筛选情况和利用信息指导自己的经营行为的情况。评价新型农民的信息接收与反馈能力主要看其是否存在以下行为。

（1）能够通过口耳相传、观察、电视、报刊捕捉重要信息，以此调节和指导自己的经营行为，避免生产经营的盲目性。

（2）能够全方面利用信息传播媒介收集和筛选信息，具备对国家政策、农情变化、市场风险的把握能力和预测、决策能力，并积极传播有价值的信息，带动村民共同创造效益。

3.市场参与和适应能力

市场参与和适应能力是指新型农民参与市场经营的程度、对市场经营规则的熟悉、运用程度及适应能力。评价新型农民的市场参与和适应能力主要看其是否存在以下行为。

（1）具有一定的风险意识，并会根据市场需要来组织生产，按照价值规律、供求关系来调整产品结构，通过市场增产增收。

（2）了解农村金融和财税基本政策，合法运用农村信贷发展生产。

（3）具备资本运营意识，用工业资本运营理念吸引各种社会资本投资，通过发行企业债券、公司上市等方式，加快农业产业化中龙头企业发展。

4.市场开拓能力

市场开拓能力是指新型农民开发新市场的能力、创业能力。评价新型农民的市场开拓能力主要看其是否存在以下行为。

（1）不思进取，一味固守现有市场。

（2）掌握现代经营管理理念，能够较为准确地分析市场供求，拓展营销渠道，提高农产品市场占有率。

（3）会合理利用当地资源条件，发展旅游、休闲等农业新产业，提高农业综合效益。

5.人际协调能力

人际协调能力是指新型农民与人交往沟通的能力和关系营销的能力。评价新型农民的人际协调能力主要看其是否存在以下行为。

（1）缺乏沟通能力，人际关系是否紧张，是否与他人经常发生各类纠纷。

（2）具备互助合作意识，并有效利用人际网络进行经营和产业开发。

（六）主体意识和自我发展能力

新型农民是具有主体意识和自我发展能力素质的农民。主体意识和自我发展能力是指独立、自主、主动、积极开发自己的能力。具体来看,新型农民主体意识和自我发展能力包括独立自主意识、能动意识、创造能力、自我开发能力四个方面。

1.独立自主意识

独立自主意识是指新型农民拥有处理自己事务的权利,不受任何外来的干涉。评价新型农民的独立自主意识主要看其是否存在以下行为。

(1)自认农民地位低下,并以自己的职业为耻。

(2)有独立的社会地位和职业特征,会自主选择职业和劳动方式,自主选择进入市场参与市场竞争。

(3)会在法律范围内,主动争取自己合法的权利。

2.能动意识

能动意识是指新型农民能动地认识世界、改造世界的实践能力和作用。评价新型农民的能动意识主要看其是否存在以下行为。

(1)有改变自己、改变家园的意识。

(2)在推动自身富裕和农村现代化上有强烈的进取心,渴求现代科技、智力开发和政策支持,并努力寻找途径方法。

3.创造能力

创造能力是指创新精神、创造性劳动和不断地提升与实现自身的社会价值和自我价值的能力。评价新型农民的创造能力主要看其是否存在以下行为。

(1)故步自封、墨守成规,反对新思想、新技术。

(2)头脑灵活,善于思考,在生产中不断思索改良技术。

4.自我开发能力

自我开发能力是指主动学习、不断进步的能力。评价新型农民的自我开发能力主要看其是否存在以下行为。

（1）会主动参加各类培训，主动寻找各种方式获得学习机会，努力学习新思想、新技术，提高自身素质。

（2）会积极营造乡村学习氛围，积极创造条件使大家获取学习进步的机会。

二、新型农民的开发

新型农民的开发是一项长期、系统的工程，需要建立一套全方位、多渠道、多层次的新型农民开发体系，具体可从以下几方面入手。

（一）大力发展我国现代农业

新农村建设应立足于发展现代农业，改变传统农业的生产方式，以新农村建设为契机真正改变农业结构，提升农业发展水平，走出一条经济、绿色、可持续发展的现代农业道路来。具体来看，发展现代农业首先要立足国家粮食安全的基础上，即现代农业并不是把粮食种植用地转为经济作物用地，也不是把农业用地转为工业或商业用地，而是通过农业生产方式的升级，来促使农业发生根本性变化，这就要求通过更高级和更先进的方式不断提高农业生产的效率，保障国家粮食安全。其次，加快现代农业的发展必须走绿色可持续发展的道路，要依靠科技的力量，在将一系列科技成果转化为农业生产要素的同时，发展生态农业，促使农业和环境的和谐发展。

（二）加强知识教育之外的"社会教育"体系建设

改革开放以来，我国的农村教育事业取得了很大进步，但依然存在农村人口素质较低的问题。针对于此，进行新型农民的开发，就必须大力巩固和完善农村基础教育，各级政府必须从财政经费和物质投入上保证适龄农村儿童和青少年享有接受九年义务教育的权利,使他们不为经济困难而失学,只有这样才能从整体上不断提高农民的文化素质。

与此同时,在大力发展基础教育之外,还应结合现有的各种"乡村试验"中总结的经验,在现有的以升学为目标的知识教育体系之外,从职业培训、社区教育、协同教育等各方面,构建一套"社会教育"体系,全方位覆盖义务教育阶段之外的 16 岁以上的农村居民,以提高他们的文化素质水平。

(三)完善我国农民的培训体系

面对知识时代下新技术研究及推广的迅猛发展,无论是常规的专业教育,还是非常规的职业教育,都无法弥补动态知识学习的过程,只有通过不断培训,才能及时补充和更新农民的知识和技术,使他们也能"活到老,学到老"。因此,新型农民的开发也应完善农民培训体系,通过积极开展以推广当地适用技术为重点的试验示范、技术培训、信息服务等多种形式的活动,促进农民素质的提高。

具体来看,对于以务农为主的农村主体劳动力,应以帮助他们掌握新的农业生产技术,提高其产业化、专业化程度为主要目标,培训方式可以结合"一村一品"的农业专业化改造项目进行,包括种植业技术、养殖业技术、设施农业等的农业生产知识培训,把农民的需要与培训活动统一起来。对于农民专业合作经济组织骨干,应以培养农民的合作理念、普及合作社知识为主,并在这一过程中发现更多的协作型农民,激发他们成立和管理农民合作经济组织的兴趣,引导他们主动学习合作经济组织的运营管理、社员民主参与能力等管理知识,通过软件和硬件支持,加强他们采集和利用市场信息的能力。

第四章　农村布局与整治规划及建设

《中共中央国务院关于推进社会主义新农村建设的若干意见》(中发〔2006〕1号)强调,建设新农村"必须坚持科学规划,实行因地制宜、分类指导,有计划有步骤有重点地逐步推进"。新农村规划的主要内容包括调查村庄内部住宅质量情况、人均住宅面积、公共服务设施数量和分布、村内道路网布局、给排水方式等。在此当中,既要对农村进行布局,为整治规划提供依据,又要根据实际情况进行重组、改造,以推进新时期乡村规划建设步伐。

第一节　我国村庄整治、改造的紧迫性和意义

我国已经进入工业化中期阶段,为工业反哺农业、城市带动农村创造了有利的条件和历史机遇,推进社会主义新农村建设成为必然要求,加快村庄整治与改造的时机已经基本成熟,条件已经初步具备。近年来,党中央在解决"三农"问题和处理工农关系、城乡关系上提出一系列的新思想、新论断、新举措,明确回答了新时期为什么要重视"三农"、怎样重视"三农"等重大理论和实践问题。为贯彻落实党的"十六大"和中央农村工作会议精神,各级政府提出了开展"千村示范、万村整治"工程,制定了文明生态村的建设标准以及实施战略安排,以村庄规划为龙头,加大村庄环境整治的力度,完善农村基础设施,加强农村基层组织和民主建设。然而长期以来,由于受城乡二元结构的制约和影响,农村村庄建设基本处于"自治"状态,村庄建设存在诸多问题,使得村

庄整治、改造更加紧迫。村庄整治、改造是社会主义新农村建设的核心内容之一,是惠及农村千家万户的德政工程,开展、加强村庄整治、改造工作意义重大。

一、我国村庄整治、改造的紧迫性

尽管改革开放以来,我国村庄建设发生了较大变化,但国家对农村公共事业方面投入太少,导致村庄建设存在诸多问题,这使得村庄整治、改造工作不但必要,而且十分紧迫。村庄建设存在诸多问题,主要包括以下几方面。

(一)环境污染严重,生态环境恶化,亟待改善

村庄环境污染比较严重,工业"三废"随意排放,农村大规模的家畜养殖业产生的污水、垃圾,还有城市垃圾对村庄的污染正由局部向整体蔓延。农民使用化肥、农药失控,村庄污水横流,垃圾遍地,导致农村面源污染严重。农民的环保意识不强,人畜混杂居住,广大农村基本上没有污染处理设施,环境治理滞后。村庄环境亟待整治改造。

(二)资源浪费现象突出

农村土地等紧缺资源大量消耗,浪费现象严重。2004 年,全国城乡建设用地总量为 20.34 万平方千米,其中,村庄建设用地16.71 万平方千米,占全国城乡建设用地总量的 82.15%。1993年,人均建设用地为 147.8 m^2,2004 年则上升到 167.7 m^2,增幅达13.5%。村庄建设用地总量和人均用地水平没有随着城市化发展而降低。

村庄水资源浪费现象也很严重,其农业生产用水是最主要的用水大户,占据到各县区用水总量的 60% 以上。村庄水资源利用效率低下,大多数农田灌溉采用大水漫灌方式。生活用水集中供给率不高,大多数村民节约用水观念不强,用水安全也得不到

保障。

（三）基础设施建设严重滞后

公共财政曾一度忽视农村基础设施、公共服务设施建设，建设管理严重缺位，村内基础设施配套不全，环境基础设施建设还存在严重的欠债现象。公共服务设施严重短缺，城乡发展差距逐年增大，基础设施简陋不全。目前全国有一半的行政村没有通自来水，在农村普遍存在行路难、饮水难、通信难、上学难、看病难等问题。

（四）布局凌乱无序

村庄布局凌乱无序，表现为村庄居民居住相当分散；用地布局相对松散、零乱，"空心村"现象较严重；农居的建筑与环境不协调。长期以来，小农经济在农村经济中一直占主导地位，因而村庄建设难以集中发展。由于农民习惯于建新不拆旧，一户占多地，使得村庄用地规模不断扩大。与此同时，旧村改造滞后，老宅基地闲置，"空心村"现象较严重。村庄住宅老屋和新建房屋交错分布，布置较为凌乱。个人建房局限在各户宅基地上建造，缺乏统一规划，建筑风格与周围优美的自然环境并不协调。

（五）历史文化遗产保护力度不够

中国的乡村建筑原本是非常有特色的，如北方的四合院、西北的窑洞、西南的"干栏式"、闽南的圆形"土楼"。然而，随着农村经济的繁荣，农民富裕之后，纷纷营造新房或进行旧房翻新，追"新"求"异"，用西洋的建筑充斥中国的乡村，大规模拆改建，破坏了一些有文化价值的古建筑、古村落。

中国是一个历史文化悠久的文明古国，历朝历代均遗存有大量的文化古迹、古民居、古村落建筑。它们承载着历史意义，绝大多数遍布在广大的乡村，十分珍贵，是不可复制的文化。目前，古村落面临的状况堪忧。随着我国城市化进程的加快，以及近年新农村建设如火如荼地展开，传统村庄受到强烈的冲击，尤其是大量的尚未列入保护名录的乡土建筑及其环境正快速地被拆毁和破坏。有不少地方文化遗产保护观念以及评价标准仍停留在以往的保护"精英文化"的层面，保护的对象主要还限于时代早、艺术价值高的单体建筑，这显然是对文化遗产综合价值缺乏应有的认识，还没有认识到乡土文化、传统聚落格局、村落历史环境保护的重要性。这都显示了我国村庄整治、改造的紧迫性。

(六)整治规划滞后

在村庄整治改造建设过程中，由于缺乏规划，村民建设私搭乱建现象较多，房屋的建设基本上处于自发状态，高度、式样、色彩、格局等极不协调，影响了村庄环境的改善。另外，各地出现了一些雷同规划，忽略了农村实际，忽略了农村特色，忽略了农村文化传统。

总的来看，我国农村长期形成的粗放生产方式及落后生活方式，极大地制约了农村社会的协调发展，也制约了我国经济社会全面协调发展，农民迫切要求改变农村落后的现状。党的十六届五中全会把社会主义新农村建设作为统筹城乡发展、实现共同富裕的重大战略进行了全面部署。落实这一重大战略部署，必须从广大农村大量存在需要整治改造的旧村庄的实际出发，在抓好新村建设的同时，重点搞好村庄改造。如果不加快村庄整治、改造，将影响农村经济的快速发展，将严重阻碍农民生活质量的提高，将进一步缩小农民的生存发展空间，将延缓农村精神文明水平的有效提升。旧村造成了农村人居环境的恶化，迫使农民在村庄周边一茬一茬、一圈一圈地建房，重复建房使农民浪费了本该用于扩大农业生产和发展二、三产业的资金；无规划建房使很多区位好、面积大、人口多、本身拥有聚集潜力的村庄难以形成街道、集市，也就难以实现由农业经济向农工商经济的转型。村庄改造迟缓，使村庄水、电、路、通信等基础设施难以彻底改善，严重制约了农民生活环境、交通出行、生活质量的提高。如果村庄改造再滞后、农村建房再膨胀,农民在住房上的弃旧建新的行为进一步持续下去,农村将有更多的土地被挤占和浪费。在脏兮兮、乱糟糟的村庄环境中,农村的科技教育、文化卫生、治安稳定和农民的综合素质、文明素养的水平,也将失去硬件的依托和心理支撑。

二、我国村庄整治、改造的意义

村庄整治、改造是立足于现实条件缩小城乡差距、促进农村全面发展的必由之路。加强村庄整治、改造工作,对于提升农村人居环境和农村社会文明,改善农村生产条件、提高广大农民的生活质量,改变农村传统的农业生产生活方式等都具有重大的战略意义和现实意义。具体而言,村庄整治、改造的意义主要表现为以下几方面。

(一)是新农村建设的重要环节

改革开放以来,我国农村经济社会发展取得了举世公认的伟大成就。但是,当前农业和农村发展仍然处在艰难的爬坡阶段。在这个阶段,党的十六届五中全会提出了建设生产发展、生活宽裕、乡风文明、村容整洁、管理民主的社会主义新农村的历史任务。只有实行统筹城乡经济社会发展的方略,才能如期实现全面建设小康社会和现代化强国的宏伟目标。在新农村建设中的关键环节是进行村庄整治,改善村容村貌。

(二)是贯彻落实科学发展观的重大举措

科学发展观的一个重要内容,就是经济社会的全面协调可持续发展,而城乡协调发展是其重要的组成部分。如果农村经济社会发展长期滞后,发展就不可能是全面协调可持续的,科学发展观就无法落实。村庄整治改造与保护,可逐步盘活存量土地,扩大城市发展空间,转变增长的方式,走内涵式发展的道路,最终落实科学发展观。

(三)是确保我国现代化建设顺利推进的必然要求

国际经验表明,工农城乡之间的协调发展,是现代化建设成功的重要前提。村庄整治改造能够促进农村城市化发展。城乡统筹发展首先是要破除二元结构:改造旧村,加强农村基础设施建设,改善农民生活环境,提高农民生活质量;集约利用农村土地,促进二、三产业的发展,增加农民收入,缩小城乡差别,实现城乡一体化发展。

(四)是全面建设小康社会的重点任务

惠及十几亿人口的更高水平的小康社会,其重点在农村,难点也在农村。改革开放以来,我国城市面貌发生了巨大变化,但大部分地区农村还很落后,一些地方的农村道路建设没有跟上去,农民看病难、饮水难、上学难。这种状况如果不能有效扭转,也就无法实现全面建设小康社会的目标。因此,必须要通过建设社会主义新农村,加快农村全面建设小康的进程。

(五)是保持国民经济平稳较快发展的持久动力

我国发展经济的长期战略方针和基本立足点在于扩大国内需求。我国数量最多、潜力最大的消费群体集中在农村,因此农村是我国经济增长最可靠、最持久的动力源泉。加快农村经济发展,增加农民收入,使亿万农民产生巨大的消费需求,从而拉动整个经济的持续增长。尤其是通过加强农村基础设施建设,拉动相关产业的发展,既可以改善农民的生产生活条件和消费环境,又可以消化当前部分行业的过剩生产能力。

(六)是构建社会主义和谐社会的重要基础

社会的和谐,离不开农村的社会和谐。当前,我国农村社会关系总体是健康、稳定的,但也存在一些不和谐的问题及一些不容忽视的矛盾。通过推进社会主义新农村建设,加快农村经济社会发展,维护农民群众的合法权益,可以有效缓解农村社会矛盾,减少不稳定因素,使得社会主义和谐社会的构建有了坚实的基础。

(七)是继承和延续优秀历史文化遗产的需要

新农村建设不是大拆大建,它还包含对历史文化村镇的保护。保护和继承历史文化遗产是建设社会主义新农村的重要内容之一。保护历史文化村落,有助于保存有珍稀的文物古迹和村庄历史的格局,为历史文化村镇的发展保留了一份深厚的文化底蕴和无形的价值。另外,历史文化村镇保护工作的大力宣传和深入开展必将唤起广大农民对历史文化遗产价值的重新认识,保护历史文化遗产的自觉性和积极性也将提高。同时,在保护的过程中,广大农民的知识层面和文化素养也得到了提高,从而促进了社会主义精神文明建设。

第二节　农村土地集约与节约利用

土地所具备的养育、承载、资源、景观和资产功能使其成为人类生存的物质基础。人类为社会和经济的目的,对土地进行长期或周期性的生物、技术活动投入。土地利用的广度、深度和合理利用程度,是一个国家国民经济各部门生产建设规模、水平和特点的集中反映。我国地少人多,土地后备资源不足。随着社会经济的加快发展,建设用地需求不断增大,土地供需矛盾将更为突出。因此,农村土地利用必须要贯彻集约节约用地的原则,严格保护好、利用好有限的土地资源,促进乡村规划建设可持续发展,为我国社会经济持续协调发展提供长久的基础保障。

一、农用地集约利用

根据"土地报酬递减规律",在一定的技术条件下,对土地进行连续性投资,土地收益呈现一个从递增到递减的明显变化趋势。如果从总产出(TPP)、平均产出(APP)和边际产出(MPP)角度进行考察,土地利用集约化程度也呈现出从递增到递减的变化趋势,也就是从不集约到集约再到过度集约,其变化过程具体如图4-1所示。因此,农用地利用也必须要遵循集约节约的原则。

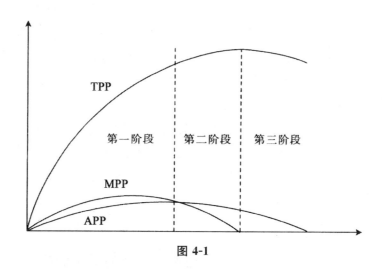

图 4-1

(一)农用地集约利用的类型

按照生产要素投入构成差异,农用地集约利用可分为三种类型:资本集约、劳动集约、技术集约。资本集约,即投入较多的资本、较少的劳动。使用农业机械、现代化设备、自动化装置等,需要投入很大的资本,但可以减少劳动消耗。同时使用良种、化肥、农药,可以提高单位面积产量。劳动集约,主要依靠人力和畜力操作,靠精耕细作提高单位面积产量,资金投放量较少。我国自古以来就是以劳动投入为主的农业集约经营,迄今仍是土地利用的主要方式。技术集约被称作"知识密集型集约",它采用生物技术、电子技术、系统工程等科学技术,利用植物光合作用、物质转化的客观规律,在农、林、牧、渔各业原来的有机联系中插入多种中间环节,以提供多种产品,增加效益。

农用地不但具有自然属性,还具有社会经济属性,因此对其进行集约利用应首先基于区域农业土地资源合理配置和结构优化的前提。另外,土地利用追求最大化的综合效益,因此对集约利用产出结果的关注不应仅局限于经济效益,还要关注社会效益、生态效益。

(二)农用地集约利用程度评价

农用地集约利用程度评价即评估当前土地集约利用程度状况,分析导致土地资源粗放利用的原因和障碍,使得农用地集约利用的对策途径有科学依据。农用地集约利用程度评价,既有单项指标评价,又有多指标综合评价。

1.单项指标评价

单项指标评价,其最初的唯一指标就是集约度。人们最初对土地集约利用偏重投入水平的理解,认为集约度即为单位面积土地上劳力、资金、技术、物质等投入的密集程度。集约度的计算方法有很多,而德国学者伯令克曼提出的公式应用最为广泛,也最为著名:

$$J = (A + K + Z)/F$$

式中,J 为集约度;A 为劳动工资;K 为资本消费额;Z 为经营资本利息;F 为经营面积。

后来人们逐渐认识到集约利用概念内涵太过于宽泛,单项指标难以科学度量,于是开始探讨采用多指标从多个层面进行综合计算。

2.多指标综合评价

多指标综合评价借助于统计指标体系对总体多方面的特征给予确切的定量描述。统计指标体系中的每一个指标都反映了客观经济事物的某一种特征,统计指标体系则反映总体多方面的特性。多指标综合评价在评价过程中按照一定的目标和原则,以评价单元为样本,选择对评价单元发生作用的因素或因子作为评价指标,对其量化、计算和归并,从而实现评价目标。

农用地集约度多指标综合评价方法可以归纳为指标评价法和模型评价法两种。指标评价法即确定影响因子评价指标体系及指标权重,根据指标权重计算农用地集约利用综合指数,然后将综合指数按从大到小的顺序对各评价单元进行排序,从而确定各评价单元农用地集约利用程度。模型评价法即以数字、符号和公式等数学语言构建综合评价模型,以衡量土地集约利用程度。常见的模型评价法主要有主成分分析法析和熵权评价法。

(三)农用地集约利用的一般模式

国外发达国家农业大多实行集约经营,形成了多种农用地集约利用模式,主要有设施农业模式、园艺农业模式、间作套种模式、持续农业模式。设施农业模式即在有限的面积上,通过建立农业生产设施,控制作物生长环境,提高作物产量。园艺农业模式属于资本技术集约的农业,其通过投入较多的技术和人力,进行精细经营,使农业生产就像种植花木一样精致。因此,园艺农业模式主要应用于珍贵花卉、输出种植上。间作套种模式即充分利用生物生长时间和空间,提高土地产出量。间作套种模式具体表现为两种或多种作物的混作、行间作、带间作和套种等。持续农业模式不造成环境污染且能使农业生产持续良性进行。为使农业能持续发展,可多施有机肥;尽量少使用农药,多运用生态技术;寻找、使用新能源。

二、农村建设用地集约节约利用

农村建设用地包括村民宅基地、乡镇企业用地和乡(镇)村公共设施及公益事业用地。农村建设用地要集约节约利用,首先要遵循一定的原则,根据相关规定利用土地。

(一)农村建设用地使用原则

乡(镇)公共设施、公益事业和农村村民建住宅,使用农民集体所有的建设用地，必须遵循以下几个原则：第一，必须符合乡（镇）土地利用总体规划。只能使用乡（镇）土地利用总体规划确定的建设用地，不得使用规划中确定的农用地。第二，须依法取得县级以上人民政府报批。如果没有取得批准，就被视为非法占地。第三，严格控制建设占用耕地。非农建设占用耕地的，必须实施"占补平衡，占一补一"的原则，并强调补充耕地的质量。

（二）农村建设用地的限定

从宏观上讲，建设用地限定是编制土地利用总体规划和土地利用计划的依据，控制建设用地总规模。从微观上讲，建设用地限定是编制项目可行性研究报告和审批用地的依据，控制每个具体项目用地。因此，很有必要确定严格的建设用地标准。农村建设用地的限定，主要包括农村宅基地用地的限定、工业用地的限定、人均建设用地指标、建设用地构成比例标准、建设用地选择。

1.农村宅基地用地的限定

农村宅基地的使用仅限本集体经济组织内部符合规定的成员。国土资源部《关于加强农村宅基地管理的意见》（国土资发〔2004〕234 号）规定农村村民一户只能拥有一处宅基地，面积不得超过省（区、市）规定的标准，即"一户一宅"。

2.工业用地的限定

2008 年 2 月 15 日，国土资源部发布了新修订的《工业项目建设用地控制指标》（以下简称《控制指标》），以贯彻落实《国务院关于促进节约集约用地的通知》（国发〔2008〕3 号）精神，切实加强对工业项目建设用地的管理和集约节约利用。新修订的《控制指标》由五项指标构成，即投资强度、容积率、建筑系数、行政办公及生活服务设施用地所占比重、绿地率。《控制指标》规定：工业项目的建筑系数应不低于 30%；工业项目所需行政办公及生活服务设施用地面积不得超过工业项目总用地面积的 7%；严禁在工业项目用地范围内建造成套住宅、专家楼、宾馆、招待所和培训中心等非生产性配套设施等。

2006年,国土资源部、国家发展改革委根据国家有关产业政策、土地供应政策,共同研究制定了《限制用地项目目录》和《禁止用地项目目录》。凡是不符合行业准入条件,不利于安全生产、资源和能源节约、环境保护和生态系统的恢复,低水平重复建设比较严重的,都被列入限制和禁止用地项目目录。例如,家具城、建材城等大型商业项目属于限制性项目,禁止占用耕地;别墅类房地产、高尔夫球场、党政机关和国有企事业单位培训中心等项目属于禁止类。

3.人均建设用地指标

根据《镇规划标准》(GB 50188—2007)的规定,人均建设用地指标分为四级。需要指出的是,在各建筑气候区内均不得采用第一、四级人均建设用地指标;地多人少的边远地区的镇区,可根据所在省、自治区人民政府规定的建设用地指标确定。

对现有的镇区进行规划时,其规划人均建设用地指标应在现状人均建设用地指标的基础上进行调整。

4.建设用地构成比例标准

《镇规划标准》(GB 50188—2007)就镇区规划中的居住、公共设施、道路广场以及绿地中的公共绿地四类用地占建设用地的比例做出规定。

5.建设用地选择

根据《镇规划标准》(GB 50188—2007)的规定,建设用地选择应依据以下四点原则。

(1)建设用地的选择应充分考虑区位和自然条件、占地的数量和质量、环境质量和社会效益以及具有发展余地等因素,并进行技术经济比较,择优确定。

（2）建设用地宜选在生产作业区附近，并应充分利用原有用地调整挖潜，同土地利用总体规划相协调。需要扩大用地规模时，宜选择荒地、薄地，不占或少占农用地。建设用地最好选在水源充足，水质良好，便于排水、通风和地质条件适宜的地段。

（3）在不良地质地带严禁布置居住、教育、医疗及其他公众密集活动的建设项目。

（4）建设用地应避免被铁路、重要公路、高压输电线路、输油管线和输气管线等所穿越。如果位于或邻近各类保护区，则应通过规划，尽量减少干扰保护区。

三、农村土地集约节约利用的政策规定

为全面推动节约集约用地工作，近年来国家相继制定了一系列相关政策，主要文件有《国务院关于加强土地调控有关问题的通知》（国发〔2006〕31 号）、《国务院关于促进节约集约用地的通知》（国发〔2008〕3 号）（以下简称"国务院 3 号文件"）等。另外，国土资源部等部门也出台了一些相关文件。目前，农村土地集约节约利用的政策规定主要包括以下几方面。

（1）运用规划调控机制，节约集约用地。国务院 3 号文件规定：各类与土地利用相关的规划要与土地利用总体规划相衔接，年度用地安排也必须控制在土地利用年度计划之内。

（2）建立指标约束机制，节约集约用地。国务院 2004 年 28 号文件要求：制定和实施新的土地标准。依照国家产业政策，国土资源部门对淘汰类、限制类项目分别实行禁止和限制用地，并就工程项目建设用地定额标准做出规定。国务院 2006 年 31 号文件则要求：建立工业用地出让最低价标准统一公布制度。国家统一制定并公布各地工业用地出让最低价标准。国务院 3 号文件又规定：严格土地使用标准。要健全各类建设用地标准体系，并重新审改现有各类工程项目建设用地标准。

（3）发挥激励机制，节约集约用地。为了更好地促进节约集

约用地,近年国家已相继出台了一些激励政策。国务院 3 号文件第 8 条规定,鼓励开发利用地上地下空间。国务院 3 号文件第 17 条规定,鼓励提高农村建设用地的利用效率。国务院 3 号文件第 6 条规定,严格执行闲置土地处置政策。国务院 31 号文件规定,提高城镇土地使用税和耕地占用税征收标准。

(4)运用市场机制,节约集约用地。国务院 31 号文件规定,工业用地必须采用招标拍卖挂牌方式出让,其出让价格不得低于公布的最低价标准。国务院 3 号文件再次强调,工业用地和商业、旅游、娱乐、商品住宅等经营性用地,以及同一宗土地有两个以上意向用地者的,都必须实行招标拍卖挂牌等方式公开出让,对各类社会事业用地要积极探索实行有偿使用。

(5)建立土地储备制度,节约集约用地。国务院 3 号文件规定,要完善建设用地储备制度。储备建设用地必须符合规划、计划。储备土地出让前,应当处理好土地的产权、安置补偿等法律经济关系,完成必要的前期开发,缩短开发周期,防止形成新的闲置土地。

(6)建立监督机制,节约集约用地。国务院 3 号文件第 22 条规定,国土资源部要会同监察部等有关部门持续开展用地情况的执法检查。同时,建立健全土地市场动态监测制度,完善建设项目竣工验收制度。国务院 3 号文件第 23 条要求,建立节约集约用地考核制度,制定单位 GDP 和固定资产投资规模增长的新增建设用地消耗考核办法。

第三节　村庄重组与改造

村庄重组与改造工作是社会主义新农村建设的基础性工作之一,是改变我国农村落后面貌的根本途径,是系统解决"三农"问题的综合性措施。村庄重组与改造工作的开展,需要依据一定的指导思想和基本要求,遵循必要的基本原则,有序进行。在符合条件的情况下，可以进行迁村并点。

一、村庄重组与改造工作的指导思想和基本要求

（一）指导思想

村庄重组与改造工作要紧紧围绕全面建设小康社会目标，坚持以邓小平理论和"三个代表"重要思想为指导，牢固树立和落实科学发展观，一切从农村实际出发。同时，村庄重组和旧村改造工作要尊重农民意愿，按照构建和谐社会和建设节约型社会的要求，组织动员和支持引导农民积极参与其中。村庄整治要充分利用已有条件，整合各方资源，坚持政府引导与农民自力更生相结合，完善村庄最基本的公共设施，改变农村落后面貌，促进农村经济的全面发展。

（二）基本要求

村庄重组与改造工作的基本要求包括：第一，因地制宜，其有效形式如新社区建设、空心村整理、城中村改造、历史文化名村保护性整治等。第二，以村容村貌进行重组、改造，如整理废旧坑（水）塘和露天粪坑，清理村内私搭乱建的建筑，清理村内闲置宅基地，打通村内主要道路，配置、完善给排水设施、消防设施等。第三，重组与改造后，村容村貌整洁优美，硬化路面符合规划，饮用水质达到标准，厕所卫生符合要求，给排水设施完善，垃圾得到无害处理，村庄民居安全经济美观且富有地方特色，农民素养得到明显的提高等。

二、村庄重组与改造的基本原则

村庄重组与改造，应做到资源整合利用、落实"四节"；因地制宜、分类指导；区别对待，多模式整治；保护历史遗存、弘扬传统文

化;创造宜居环境。这也就是开展工作应遵循的基本原则。

(一)资源整合利用、落实"四节"的原则

村庄重组与改造工作的开展,要贯彻资源优化配置与调剂利用的方针,提倡自力更生,就地取材,用最少的资源办最多的实事;要厉行节约,节地、节能、节水和节材,即"四节"。

(二)因地制宜、分类指导的原则

在遵循资源整合利用、落实"四节"原则的基础上,村庄重组与改造应因地制宜,按不同地域、不同类型、不同区位条件、不同经济水平分类指导。首先,我国地域辽阔,而各个地区的经济、社会发展水平不同,差距较大,东部较为发达,中西部较为落后;地形地貌方面,既有山区、丘陵,也有平原地域;各个区域的气候条件也有很大差别,大致可分为寒冷、冬冷夏热、夏热冬暖三个地区。因此,对不同地域村庄的重组、改造,尤其是在改造各类公用设施时,都应因地制宜,而不能搞一刀切。其次,对于不同类型的村庄,也要因地制宜。例如,对于古村保护型村庄,村内建筑新旧交叉、质量参差不齐的村庄以及整村新建的村庄,其工作方法都有很大差别,要具体问题具体分析,区别对待。在此,区位条件不同,开展村庄重组、改造工作的方法也有所差别。那些处于优势区位的,如将城镇建成郊区的村庄,可充分依托邻近的城镇化、现代化环境,最大限度地利用城市已有的资源,尤其是公用设施,从而提升村庄的综合功能和环境质量。最后,针对经济水平不同的村庄,其重组、改造工作应统筹安排,优化整合。例如,针对城镇密集地区(长江三角洲、珠江三角洲等),村庄重组、改造工作要以有利于尽快实现城镇化为目标,整治措施与"三集中"(工业企业向园区集中,农业用地向适度规模经营集中,农户向城镇或新型社区集中居住)相结合。

(三)区别对待、多模式整治的原则

针对各个村庄的不同情况,要区别对待,进行多模式整治。

例如,散户散村,以及那些经常发生地质灾害、易受自然灾害的村庄,可向中心村和有一定规模的大村迁建。对具有一定规模且已有某些公用设施的村庄,应就地改造,充分利用原有的资源和公共设施条件,尽量减少拆建。而如果村庄内部的基础设施建设很薄弱,人居环境很差,就应按规划要求重建、改造。针对空心村,应合理规划,拆除旧宅,按新村建设要求进行整治建设。

(四)保护历史遗存、弘扬传统文化的原则

在村庄重组、改造工作中,应注意保护历史遗存,以弘扬传统文化。因此,要注意保护和修复具有历史文化价值的建(构)筑物,注意保护古村落空间格局以及周边环境要素、环境氛围;重点处理好文化遗产的保护,利用与经济快速发展的关系,严格避免建设性破坏;考虑物质文化遗产与非物质文化遗产的保护,注意与村庄生产发展工作相衔接。

(五)创造宜居环境的原则

村庄重组、改造工作过程中,整治村容村貌要做好"三清三改"——清垃圾、清污泥、清路障,改水、改厕、改路。为创造宜居环境,还要注意清理空心房、废弃旧房,清理猪牛羊圈,实行人畜分居,营造宜人家居环境。

三、村庄重组与改造工作的主要内容

村庄重组与改造工作的主要内容涉及基础设施建设、垃圾处理、能源利用、环境治理等。

(一)道路交通

村庄道路交通的整治、改造,其具体工作应包含以下七方面。

(1)村庄道路路面必须硬化,硬化宽度,村庄主干道为5～8m,宅前小路为1.5～3m。道路两侧设置排水沟渠。

（2）村庄内部通行机动车的桥梁必须标明限重、限高；道路标高原则上应低于两侧宅基地场院标高；涉水路段在近期难以改造的必须明确标识允许安全通行的最高水位；道路通过人流密集的路段时，应设置交通限速标志及减速坎（杠）。

（3）村内主次道路应通达顺畅，当与过境公路、铁路等交通设施交叉时，水平相交路段不应小于 10m，并设置相应的交通安全设施及标志；村庄主要道路平面交叉时应尽量正交；交叉口的缘石半径不小于 6m。路牙选材宜就地取材。

（4）村内主次道路交叉口视距三角形范围内不得有阻碍驾驶人员视线的建（构）筑物和其他的障碍物。

（5）村内尽端式道路应设置不小于 10m×10m 的回车场地或设置回车道。

（6）村庄道路行道树株间距离最好是 8～12m，树池则宜 1～1.5m²，树坑中心与地下管道水平距离不应小于 1.5m。

（7）村庄道路纵坡不小于 0.3%。当纵坡坡度大于 4% 时，连续坡长不宜大于 500m。村庄道路横断面应设置横坡，坡度大小为 1%～3%。

（二）给水工程

村庄给水工程的整治、改造，其具体工作应包含以下五方面。

（1）村庄供水水质应符合《生活饮用水卫生标准》（GB 5749—2006）的规定，并做好水源地卫生防护、水质检验、供水设施日常维护工作。

（2）邻近城镇的村庄，可充分利用城镇的供水设施，将城镇供水管网连接到村庄，逐步实现村庄集中供水，供水到户。如果条件允许，可建设联村联片的集中式供水工程。

（3）在淡水资源匮乏的地区，注意对雨水的收集、存贮和利用，以补充村庄生活用水水源。

（4）如果没有条件实现集中供水，没有条件建设集中式供水设施，应加强对分散式水源等的卫生防护，清除污染源，综合整治水源周边的环境卫生。

（5）村庄的输配水管线与道路结合布置，并设置消火栓，间距不大于120m。输配水管道应铺设在冻土层以下，并应根据需要采取防冻保温措施。

（三）排水工程

村庄排水工程的整治、改造，其具体工作应包含以下四方面。

（1）根据各地实际选用混凝土或砖石、鹅卵石、条石等地方材料构筑排水沟渠；加强排水沟渠日常清理维护，做好沿沟绿化。

（2）南方多雨地区房屋四周宜设置排水沟渠；北方地区房屋外墙外地面应设置散水；新疆等特殊干旱地区房屋四周可用黏土夯实排水。

（3）逐步实现"雨污分流"的排水体制，确保雨水及时排放，防止内涝。有条件的村庄可采用管道收集生活污水。

（4）可根据村庄实际情况，或者明沟排放雨水，或者暗渠排放雨水。排水沟渠应充分结合地形，使雨水及时就近排放。排水沟渠的宽度及深度应根据各地降雨量确定。

（四）卫生与沼气工程

村庄卫生与沼气工程的整治、改造，其具体工作应包含以下七方面。

（1）及时收集户用旱厕粪便和分散饲养的禽畜粪便，并用密闭容器送至沼气发酵池中。对于公厕、户厕、禽畜饲养场（点），均应建立并严格执行及时清扫和消毒制度。

（2）公共厕所建设标准应不低于 $30\sim50m^2$/千人，每厕最低建筑面积应不低于 $30m^2$。人流密集的公共场所应设置公共厕所。

（3）公共旱厕应采用粪槽排至"三格式"化粪池的形式，粪池容积应满足至少2个月清掏一次的容量为准。粪池也可与沼气发酵池结合建造。

（4）公共旱厕的大便口和取粪口均应加盖密闭，确保粪池不渗透、不泄漏。

（5）集中的禽畜饲养场应与沼气设施相结合，大量禽畜粪尿可直接排入沼气发酵池内。

（6）无害化卫生厕所覆盖率100％，普及水冲式卫生公厕。户用旱厕为渗水式厕所时，周围20～30m范围内设置水源。

（7）应结合村庄实际条件，推广应用卫生旱厕。

（五）垃圾收集、处理

垃圾收集采用"每户分类收集—村集中—镇中转—县处理"的模式；要及时、定点分类收集生活垃圾及其他垃圾，采用密闭式的贮存、运输，最终进行无害化处理；生活垃圾收集点的服务半径不宜超过70m。人流密集地段应单独设置生活垃圾收集点；垃圾收集点、运转站建设要注意防雨、防渗、防漏，不得污染周围环境，同时与村容村貌协调一致；医疗垃圾等固体危险废弃物必须单独收集、单独运输、单独处理。

（六）减灾防灾

按照"公共卫生突发事件应急预案"的规定，村庄应设突发急性、流行性传染病的临时隔离、救治室。凡现状存在火灾隐患的农宅或公共建筑，应根据民用建筑防火规范进行整治改造。建设消防水源、消防通道和消防通信等农村消防基础设施要注意与农村节水灌溉、人畜饮水工程同步。为减小自然灾害对村民生命财产安全构成威胁，应根据村庄周围的地形地势采取相关有效措施，如"避""抗"。在有山体滑坡、崩塌、地面塌陷、山洪冲沟等存在地质灾害隐患的地段，不得建设各类公共建筑。如果在这些地段已经建成公共建筑，则要对其拆迁。拆除危房，并按当地抗震设防烈度，对不安全的农房进行加固。在村庄的风口或迎风面，要种植防风林带或建设挡风墙。

（七）传统建筑文化的保护

对那些始建年代久远、保存较好、具有一定建筑文化价值的公共建筑物和构筑物，具有历史文化价值的传统街巷、道路等，要悉心保护，破损的应按原貌加以整修。要严格保护村庄内遗存的古树名木、林地、湿地、沟渠和河道等自然及人工地物、地貌，不得随意砍伐、更改或填挖。新建建筑物的体量、高度、形式、材质、色彩均应与传统建筑协调统一。对历史标志性环境要素，如古井、匾额、招牌、幌子、街名、传说、典故、音乐、民俗、技艺等，也要严加保护。

（八）村庄环境治理和改造

对村庄废旧坑（水）塘与河渠水道的整治、改造，要注意根据其位置、大小、深度等具体情况，充分保留、利用和改造原有的坑（水）塘，疏浚河渠水道；如果条件允许，可以将旧坑（水）塘与河渠水道改造为种养水塘。统一规划街道两侧建筑，样式、体量、色彩、高度应协调一致，引导村民按当地文化、风格建房。利用地形合理布置禽畜养殖场圈，并设置于居住用地的下风向。充分利用地形地貌进行绿地建设，形成与自然环境紧密相融的田园风光。村庄出入口、村民集中活动场所设置集中绿地，有条件的还可结合村内古树设置；利用不宜建设的废弃场地，布置小型绿地。房前屋后、庭院内部可栽树、种草、种花。

（九）公共活动场所的规划建设

无公共活动场地的村庄，应予以配置，场地位置要适中。设有公共活动场地的村庄，要注意完善其功能。地表水丰富的地区，应结合现有水面整治利用或修建公用水塘，并定期维护。公共水塘形态应结合自然地形，自由舒展，体现乡村特点。

（十）两地占房与"空心村"的整治

针对两地占房与"空心村"的现象，要严格按照村镇建设用地标准和建筑面积标准进行整治,以达到节约用地的目的。对村内废弃的宅基地、闲置地要进行整理,并设置必要的公用设施,让土地得到重新利用,或者将其作为新宅基地分给新建房户。对于那些影响村内主要道路通行的农房,要予以拆除,废弃的、闲置的附属用房也要进行拆除。但是,质量较好的闲置房或附属用房,则可根据规划进行转让,或改造成生产养殖用房等。另外,要严格执行"一户一宅"制度。

(十一)生态建设

不燃烧农作物秸秆,而用来沤田,或者制气,或者用作禽畜饲料,实现资源的再利用。提高村庄的绿化率,路旁、宅院及宅间空地等,都可以种植经济作物等绿色植物,以防止水土的流失。尽量使用柴草与煤炭,多利用太阳能、沼气、生物制气等天然能源和再生能源,从而减少对村庄环境的污染。

四、迁村并点

迁村并点是村庄重组、改造的重要表现形式,所以这里单拿出来进行阐述。

农村社区是从事农业生产的人组成的地区性社会,在我国,它大体上由散村和集村两种类型或层次的社区构成。散村主要由若干个相距很近的小型自然村、屯组成。每个村、寨、屯多则十几户,少则三五家。集村通常是由一个大型的村、屯单独构成,它不仅聚居着数十户乃至成百户人家,而且社区内一般都有生产、生活、文教卫生等方面的简单服务设施。不论是散村或集村,规模都比较小,但却占全国地域的80%,使整个社区呈现高度分散的状态,这种状态极不利于城乡之间的交通发展、信息沟通以及生产与生活等各方面的交流。于是,迁村并点成为发展趋势,或者兼并成超级村,或者以富村带动,实行联合兼并。迁村并点可以产生多方面的社会效果,如重新配置资源,形成新型机制,促进农村经济发展;改善农村条件,缩小城乡差别,推进乡村城镇化进程;解决贫困问题,缩小贫富差距,实现共同富裕;实行精兵简政,减轻农民负担,有利于加强农村基层政权建设。当然,迁村并点并不是盲目的,毫无规划的,它需要具备的一定的条件,遵循一定的原则,讲究方法。

(一)迁村并点的基本条件

(1)农业产业化调整推动迁村并点。农业产业化包括农村资源的适当集约化和农业产品的专业化生产和经营,土地因此而得到集中。这不仅可以提高农业生产效率,解决农村富余劳动力就业问题,而且农业生产的产前、产中、产后的社会化服务体系更加全面、完善。因此,农业产业化既为迁村并点提供了人力资源,同时又为人力资源提供了就业、创业机会。

(2)村办企业的拉动。农村经济结构的调整过程中,村镇企业的发展已成为重头戏,原有的企业增长方式已经开始从密集型产业向资本和劳动双密集型产业方向转变,更多地依靠规模的扩张加速发展。在产业布局上,村镇企业更多的是依靠聚集效应获得外部经济效应来发展。另外,村镇企业还注意吸引外资,广泛动员社会闲散资金,发展多种经营生产,充分利用村庄的有利条件,大力开办工业、副业和第三产业的项目。

(3)搞好重点区域的开发建设。对重点区域的建设,村庄可按照城市的标准搞好道路、路灯、供水、排水等的基础设施建设,强化中心区域的流通和商贸职能来吸引农村人口迁移。对迁移劳动力的居住环境进行改善,大力开发商品住宅楼,并要搞好相关的基础设施建设。

(4)以规划为龙头。以农村城镇化建设为主题,做好长期、近期规划。在县城或市域内,确定重点发展区域,以减少兼并的盲目性;周边经济实力薄弱的村庄积极向重点区域靠拢、集中,然后再逐步辐射周边,最后实现行政区划,建立起新的社区。在详细规划上要做好功能分区,并做好基础设施规划。通过完善基础设施可以提高村庄的吸引力和辐射力,为迁村并点创造好条件。

(二)迁村并点的原则与方法

通过村庄迁移和重组,建立合理的等级规模结构,促进农村人口集聚和生产力发展。

1.迁村并点的基本原则

迁村并点应坚持经济主导和长远规划的原则,坚持方便管理和因地制宜的原则,坚持民族团结和保持稳定的原则,坚持区位相邻和精简高效的原则。

(1)经济主导,长远规划。迁村并点工作要把发展农村经济放在首位,坚持以经济建设为中心,统一规划资金、劳动力、物质、技术等资源,统筹兼顾,着眼于未来。

(2)方便管理,因地制宜。乡镇要根据本地实际制订本区域迁村并点方案。如果村庄处在辖区边缘地带,经济薄弱,交通不便,可以进行合并,并把合并后的村部设在交通便利的中心区。但是,这种合并不应破坏历史和地理等因素形成的整体区域,不提倡硬性合并。

(3)注意民族团结,保持稳定。对少数民族居住的民族村,合并时要注意民族问题,尊重村民意愿,认真听取他们的意见,加强相互沟通,避免引起民族矛盾。

(4)区位相邻,精简高效。对于拟合并的村,在地理位置上应该是彼此相邻的,严禁将不相接壤的村合并到一起,以免形成飞地,给管理带来不便。精简村干部,减少财政压力和农民负担。

2.村庄重组的方法

村庄重组的方法步骤主要有:第一,评价村庄发展条件。按照相关规定,对村庄发展条件进行排序,得出评价结果。第二,分析现状结构。分析研究现状等级结构,如职能等级的构成、村庄人口规模大小与等级的适宜性等,找出问题、缺陷。第三,分析当地经济发展和农业现代化进程与村庄重组力度。经济发达、农业现代化进程较快,特别是人口密度大且分布分散的农村地区,最适合也最迫切进行重组。第四,落实重大工程项目规划建设,以便于明确村庄的迁并方向。第五,合理确定与调整村庄层次与布点。

迁村并点后,在人口方面有一些原则要求。一般来说,较大规模的村庄,有利于形成集聚效应,便于集中设置较为完善的生活服务设施和市政工程设施。只有在村庄的规模达到一定数量时,生活服务设施和市政工程设施才能最大限度地发挥作用,有利于减少投资,提高社会效益、经济效益。虽然如此,但村庄,特别是基层村的规模也不能过大,否则就会给田间生产和村民生活带来不便。

第四节 村庄的规模与总体布局

村庄发展应根据国家、市、县、乡镇和村社会发展计划与规划,以及村庄的历史、自然条件和经济条件,合理确定村庄的性质、规模,进行村庄的结构布局,以获得较高的社会、经济和生态效益,实现村庄的和谐健康发展。对村庄进行规划,其目的是指导新农村的建设和发展,这就要求规划方案能符合新农村发展和建设的客观规律,并要了解村庄的规模和总体布局。

一、村庄的规模

村庄规模与其类型、布局形式有关,并受耕作半径和生产、管理水平的制约,受地区的自然条件、交通、人口密度,以及其他社会经济条件影响。确定村庄的规模,要因地制宜,既要有利于生产,又要有利于农民生活。村庄规模包含人口规模和用地规模两方面的内容。通常村庄用地规模随村庄人口规模而变化,因此村庄规模也可以用村庄人口规模来表示。

（一）村庄人口规模

村庄人口规模是指在一定时期内村庄人口的总数。村庄人口总数应为村庄所辖地域规划范围内常住人口的总和，它是编制村庄总体规划的基础指标和主要依据之一。除了在本书第三章第二节中所介绍的人口预测方法之外，我国《镇规划标准》提出将综合分析法作为村庄人口发展预测方法。综合分析法的特点是在计算人口时，将自然增长和机械增长两部分叠加，计算公式为

$$Q = Q_0(1+k)^n + P$$

式中，Q 为总人口预测数（人）；Q_0 为总人口现状数（人）；k 为规划期内人口的自然增长率（%）；P 为规划期内人口的机械增长数（人）；n 为规划期限（年）。

村庄规划期内的人口预测，应按其居住状况和参与社会生活的性质分类进行，如表 4-1 所示。

表 4-1　村庄规划期内人口分类[①]

人口类别		统计范围	预测计算
常住人口	村庄	规划范围内的农业户人口	按自然增长计算
	居民	规划范围内的非农业户人口	按自然增长和机械增长计算
	集体	单身职工、寄宿学生等	按机械增长计算
通勤人口		劳动、学习在村庄内，住在规划范围内的职工、学生等	按机械增长计算
流动人口		出差、探亲、旅游、赶集等临时参与村庄活动的人员	进行估算

村庄规划期内人口的机械增长，应按以下方法计算：如果建设项目尚未落实，可按平均增长法计算人口的发展规模；如果建设项目已经落实、规划期内人口机械增长稳定，则按带眷系数法

---

① 金兆森.农村规划与村庄整治[M].北京:中国建筑工业出版社,2010:25.

计算人口发展规模。根据土地的经营情况,预测农业劳动力转移时,宜按劳动力转化法计算进镇的劳动力比例和人口数量。根据村庄的环境条件,预测发展的合理规模时,宜按环境容量法计算村庄的适宜人口规模。

(二)村庄的用地规模

村庄的用地规模不但与村庄总人口规模息息相关,还与建筑项目、建筑标准以及各类建设用地标准有关。确定村庄用地规模,首先要统一按规划范围统计村庄用地,还要了解村庄用地类型,了解村庄规划建设用地标准,以及村庄用地规模的主要影响因素。

1.村庄用地的统计范围

为了便于比较村庄规划期内土地利用的变化,以及各个不同规划方案的比较和选定,村庄现状和规划用地应统一按规划范围进行统计。

2.村庄用地分类

村庄用地按土地使用的主要性质划分为居住建筑用地、公共建筑用地、生产建筑用地、仓储用地、对外交通用地、道路广场用地、公用工程设施用地、绿化用地、水域和其他用地9大类,28小类。一个单位的用地,兼有两种以上性质的建筑和用地时,要分清主从关系,按其主要使用性能分类。一幢建筑物内具有多种功能,该建筑用地具有多种使用性质时,要按其主要功能的性质归类。一个单位或一幢建筑物具有两种使用性质,而不分主次,如平面上可划分地段界线时分别归类;若在平面上相互重叠,不能划分界限时,要按地面层的主要使用性能作为用地分类的依据。

3.村庄用地规模的主要影响因素

村庄用地规模受村庄性质与经济结构、人口规模、村庄布局特点和自然地理条件等影响。

（1）村庄性质不同，用地的构成不一样，用地规模也有差异。例如，工矿型村庄中工业占地较多；交通枢纽型村庄是物资集散地；风景游览型村庄中园林绿地占的比重较大。

（2）村庄的人口规模。村庄人口规模的大小会直接影响村庄的用地规模。村庄人口规模大，一般建筑平均层数较高、人口密度较大，人均用地指标就小。

（3）村庄布局特点。一般情况下，紧凑布局要比分散布局更节省村庄用地。团状集中式布局比带状布局和村庄多组分散布局节省村庄用地。

（4）自然地理条件。在平原沿海地区的村庄布局一般比较紧凑，占地少。而处于山丘区的村庄，布局相对比较松散，占地较多。

4.村庄规划建设用地标准

当前，我国村庄规划建设用地标准主要参考的是国家发布于2014年的《村庄规划用地分类指南》。该标准按照村庄用地的性质划分为"村庄建设用地""非村庄建设用地""非建设用地"三大类，同时考虑土地权属的实际情况。

根据《村庄规划用地分类指南》的规定，村庄建设用地主要分为村民住宅用地、村庄公共服务用地、村庄产业用地、村庄基础设施用地和村庄其他建设用地。其中的村民住宅用地指的是村民的住宅用地和兼具小卖部、小超市、农家乐等功能的附属用地。村庄公共服务用地指的是能为村民提供基本公共服务的各类集体用地，如兽医站、农机站、农村小广场等。村庄产业用地指的是主要用于包括村庄商业服务业设施用地和仓储用地在内的生产经营的土地。村庄基础设施用地指的是为保障村民基本生活需要的各类道路、交通和公用设施用地。村庄其他建设用地指的是未利用或者还需要进一步研究的集体建设用地，包括各类边角地、宅前屋后的牲畜棚、菜园等。

非村庄建设用地主要包括对外交通设施用地和国有建设用地两类。前者包括村庄对外联系的各类交通道路和交通设施用地等;后者包括公用设施、采矿、景区等用地。

非建设用地指的是包括各类水域(如池塘、水库、沟渠等)、农林用地(如田间道路、林道等)和其他非建设用地(如沼泽、盐碱地、沙滩等)。

二、村庄的总体布局

村庄的总体规划布局,要对村庄各主要组成部分统一安排,使其各得其所,有机联系,达到为村庄的生产、生活服务的目的。

(一)村庄总体规划布局的影响因素及应遵循的原则

影响村庄总体规划布局的主要因素包括生产力分布及其资源状况、自然环境、村庄现状、建设条件。

村庄总体规划布局应遵循几个基本原则:第一,全面综合地安排村庄各类用地,尤其是要处理好村庄建设用地与农业用地的关系。第二,集中紧凑,达到既方便生产、生活,又能使村庄建设造价经济。第三,充分利用自然条件,体现地方性。例如,河湖、丘陵、绿地等,均应有效地组织到村庄中来。对于地形地貌比较复杂的地区,更应善于分析地形特点。第四,村庄各功能区之间,既要有方便的联系,又不相互妨碍。第五,各主要功能部分既要满足近期修建的要求,又要预计发展的可能性。第六,对村庄现状,要正确处理好利用和改造的关系。

(二)村庄总体规划布局的程序和思想

村庄总体规划布局一般要经过下列程序进行:第一,调查原始资料。第二,确定村庄性质,计算人口规模,拟定布局、功能分区和总体艺术构图的基本原则。第三,在上述工作的基础上提出不同的总体布局方案。第四,对每个布局方案的各个系统分别分析、研究和比较。第五，对各方案进行经济技术分析和比较。第六，选择相对经济合理的初步方案。第七，根据总体规划的要求绘制图纸。

在考虑村庄总体规划布局时，除了要遵循上述规划程序外，在思想方法上还要处理好以下几个关系：第一，局部与整体的关系。村庄本身是一个经济实体、物质实体，是人群聚集的场所。村庄中的生产、生活、政治、经济、工程技术、建筑艺术等诸方面都要有自己的不同要求。它们相互联系、相互依存，又相互矛盾、相互排斥。因此，在总体规划布局时必须要处理好局部与整体的关系。第二，分解与综合的关系。从系统工程的角度看，村庄也就是一个大系统，这个大系统就是由若干个子系统组成。这些子系统包括功能结构系统、公共中心系统、干道系统、绿化系统、工程管线系统，以及建筑群的空间系统等。以上各项都应该是完整的自成体系，都具有相对的独立性，它们各自都具有内在联系。村庄本身是一个综合体，各个子系统之间又是相互联系、相互制约的。这就更要求进行综合、分解，以解决各个系统之间的矛盾，使之相互协调。第三，联系与隔离的关系。在进行总体规划布局时，同时考虑一切互相关联的问题，处理好各要素之间联系与隔离的问题。片面强调某一方面都会给村庄居民生产、生活或村庄景观带来不良的后果。至于对某一具体问题的处理，要根据不同情况和条件区别对待。第四，远期与近期的关系。合理的远景规划反映了村庄发展规律的必然趋势，可以为近期建设指出方向。采取由近及远的建设步骤，既保护了村庄建设各个阶段的完整性，又同村庄总的用地布局相互协调。第五，新建与改造的关系。在我国当前经济实力尚不雄厚的情况下，村庄的总体布局必须结合现状，对现有旧村区加以合理利用，充分利用原有的生活服务设施和市政设施，以减少村庄建设的投资。对旧村区的充分利用，可以支援新区的建设，而新区的建设又可以带动旧区的改造和发展。

在进行村庄总体规划布局时，不仅要确定村庄在规划期内的布局,还必须研究村庄未来的发展方向和发展方式。为了能够正确地把握村庄的发展问题,科学地规划乡(镇)域至关重要,它能为村庄发展提供比较可靠的经济数据,也有可能确定村庄发展的总方向和主要发展阶段。但是,实践证明,村庄在发展过程中也会出现一些难以预见的变化,这就要求总体规划布局应该具有适应这种变化的能力,要认真、深入、细致地分析村庄的发展方式和布局形态。

第五章 乡村产业发展规划与建设

当前,中国正处于工业化、城镇化快速推进阶段,这个阶段既是经济社会发展的重要战略机遇期,也是各类社会矛盾的凸显期,农业和农村发展面临着一些突出矛盾和问题,如资源矛盾、结构性矛盾等。因此,在这个阶段,就要按照科学发展观要求全面创新农村发展思路,深化改革,推进现代农业建设,全面提高农业综合生产能力。本章就乡村产业发展规划与建设的相关问题展开探讨。

第一节 新时期中国农业农村发展的阶段特征

以 1998 年中央提出农业和农村发展进入新阶段为界,前 20 年属于中国"三农"发展的酝酿和起步阶段,后 10 多年则进入发展的加速阶段,近 10 多年来更具有重大突破和"再上新台阶"的性质。尤其是近年来,随着工业化、信息化、城镇化、市场化和国际化的深入推进,以及这些部分质变性质的突破迅速叠加,导致中国农业农村发展呈现出一些新的特征,主要表现为以下几个方面。

一、农业的资源环境影响与多功能性日益凸显

农业发展的资源环境对拓展农业功能、实现农业可持续发展具有很大的影响,因此必须予以重视。随着农业的发展,工业化、

城镇化的进程加快,环境的约束越来越明显,出现很多由于农业面源污染而引起的严重事件,农业发展的资源环境影响日渐为人们所关注。与此同时,农业发展的社会影响日益引起重视。农业是安天下、稳民心的战略性产业。在中国,农用土地对农民还具有收入保障、失业保障和社会稳定的功能。因此,当前我国反复强调要"坚持农村基本经营制度,稳定土地承包关系"。农业发展不仅是个效率问题,还是一个生活方式和社会影响问题。追求农业效率必须具备相应的社会经济条件,否则不但会带来严重的社会问题,还会导致环境问题增加、环境恶化。这一切都迫切需要我们从战略上重视农业功能的拓展、农业发展的资源环境和社会影响之间的关系,尤其是不要错失拓展农业功能的良机。

二、加快农业组织创新的要求显著增强

20 世纪 80 年代初,我国开始在全国农村实行家庭联产承包责任制,这极大地提高了农民生产的积极性,有效促进了农村经济的发展,为实现中国农业的长期发展奠定了良好的基础,更为农村乃至全国的一系列农业改革积累了经验。然而,到今天,家庭联产承包责任制的缺陷也日益凸显,即"小而全""小而散"。家庭式的小生产经营方式,客观上提高了农产品的生产成本,而且农业经营效益不成规模,导致其效益低、竞争力弱;动植物疫病的防控难度增加;农业的优质化、标准化和品牌化经营等也不利于实现。因此,在经济全球化的背景下,必须要加快我国农业产业组织创新。农业产业组织是农业产业活动中企业组织分工协作的一定形式和相互关系,它可以明确农户之间的分工协作,增强农业产业活动的整体性,推动农业产业化经营的发展,有利于克服农村留守劳动力素质结构退化和农户农业经营副业化对农业发展的负面影响。此外,加快农业和农村发展方式的转型,拓展农业功能,都需要创新农业经营形式和组织方式予以支持。

三、农业农村发展方式转型的步伐进一步加快

近几年来,农业结构调整和农业产业化经营的进程进一步加快,我国越来越多的农村地区也在农业农村发展方式方面加快了转型。这种转型主要表现在以下三个方面:第一,农业经营方式的转型已经有了实质性的进展。例如,很多养殖场已经出现了企业化,还出现了很多养殖基地,以前一直走在养殖发展前列的专业化、重点户仍表现出较强的生命力。因此,农产品供给一直在增加,产出能力明显提高。粮食、生猪等传统的大宗农产品生产领域也出现类似的趋势。在过去,我国生猪养殖以分散饲养、小规模饲养为主,如今也正转向集中饲养、规模化饲养。第二,服务于农业生产的服务行业即农业生产性服务业发展迅速,并日渐深化。也就是说,农业的产前、产中、产后环节都有相关行业支持,提供完善的服务。在一些较为发达的农村地区,农业产业化程度很高,农户只需打一个电话,就可以享受到专人上门提供农机服务、收割服务,甚至撒肥施药等服务。第三,农业发展的集群化和连片化现象发展迅速。近年来,由于区域优势、特色产业迅速成长,相关产业不断聚集,生产、加工、运输、仓储、销售等诸多环节逐步配套,使得农业发展的集群化和连片化现象加快发展。

四、主要农产品价格大幅波动的风险系数提升

近年来,关系民生大计的主要农产品价格持续上涨,如粮食、生猪、油料等。这使得政府和社会不得不再度重视粮食安全和主要农产品供给问题。主要农产品价格大幅波动,其主要原因是农产品的供求趋势发生阶段性变化。这主要表现在以下两大方面:第一,农产品供求平衡中结构性矛盾日益凸显。近年来,居民收入水平提升,消费结构日益多元化,而对农产品的消费也不断升级,农产品供求结构失衡的概率因此增加了。第二,主要农产品

的供求平衡偏紧的格局将要中长期维持。从目前的情况来看,我国农产品需求仍将持续不断地扩张,这将不断加大稳定和增加主要农产品供给的难度。另外,随着工业化、城镇化的加快推进,粮食等传统农产品增加供给的难度要更大。对此,我们应该采取相应的有效措施确保主要农产品的基本供给,并要警惕主要农产品价格大涨大落,做好预防工作和应对方案。

五、农民收入的来源结构发生明显的阶段性变化

自 20 世纪 90 年代末开始,我国经济发展迅速,农业也得到了很好的发展,农民收入持续增长,但农民收入的来源结构发生了比较明显的趋势性变化。例如,尽管农民农业收入稳定增长,但这方面的收入已经不是农民增收的主要来源了。相反,非农产业倒是成为农民增收的主要来源,这种地位还在不断巩固。另外,城镇化进程加快也带动了农民的就业,增加了农民的收入,这种作用还在继续增强。近年来,农民增收的新亮点就是财产性和转移性收入。不过,需要注意的是,今后农民农业收入增长不会持续稳定,而且还会有波动风险增加的可能。同时,农民非农收入的增长幅度也许会扩大,但随之也增加了风险系数。总之,今后农民收入稳定增长的难度与不确定性也会加大,因此,应该继续高度重视农民增收问题,尽力防止农民收入的增速减缓或剧烈波动。

六、农村企业分化重组的进程要求日益显著

从现实和战略上看,农村企业不但可以促进农民增收就业,而且可以发展县域经济、增加县乡财政收入,还是推进农村工业化和城镇化、实行工业反哺农业和城市支持农村的重要载体。但是,农村企业实现转型发展的现实紧迫性也在不断增强,突出表现在其产业结构调整和升级滞后,已经日益妨碍其可持续发展及

其竞争能力的增强。同时,农村企业从战略上实现转型发展的要求也在显著增强。例如,"地荒""油荒""电荒""资金荒"和"民工荒"等问题突出,产业升级的创新力量发育不足等,都与支持农村企业发展的政策转型滞后密切相关。政策转型滞后不仅加剧了农村企业服务体系建设的滞后,还导致国家或区域中小企业服务体系的运转难以有效地惠及农村企业。因此,在加快转变经济发展方式的大背景下,必须要加强对农村企业发展面临亟待解决的现实困难和长期问题、农村企业发展政策的重新定位和政策导向的阶段性转变等问题的研究,以此推进农村企业分化重组的进程。

七、农民、农户分化加快,农村社会结构正全面转型

近年来,农户和农民分化现象非常明显,而且这种进程还在加快,由此客观上推动了农村乃至整个社会结构的加快转型。例如,农户分化可分为好几类,包括以农为主的兼业农户、以农为辅的兼业农户、纯农户和纯非农户。其中,以农为辅的兼业农户的数量迅速增加,农业经济副业化趋势增强。在纯非农户中,一小部分主要从事非农经营,或者进城就业,或者全家脱离土地从事非农业。农民分化也呈类似趋势,主要分化为农场主、企业家或产业工人等。由此可见,农村再也不是单一的同构性社会,农民的价值取向也在日益多元化。随着农村劳动力转移的持续推进,越来越多的农村人口转变为城市人口或进城人口,农村留守劳动力老弱化、妇幼化的现象迅速凸显。农村人口和经济布局日益走向集中化,村庄空心化和农村经济农业化的现象日益突出。对应人群对农产品的消费水平不断提高,消费结构也在不断升级,农民的消费结构日趋多元化和商品化。

八、农民进城、融入城市的需求更加强烈

越来越多的农村劳动力转移到城市,出于自我保护和追求发

展的需要,进城农民对融入城市社会网络的需求迅速增长。但是,他们融入城市社会网络的过程,也是在融合与反融合不断反复、波浪式推进的过程,是对城市既有社会网络不断渗透和改造的过程。

具体地说,城市化的本质是农民的市民化,大批农民进城,"嵌入"城市生活,争取到了城市户口,或者常年在城市生活工作,成为城市社会不可分割的组成部分。农民进城,一方面导致农村社会结构发生变革,另一方面又直接推动了城市社会结构的变革。很多进城农民成为城市新的产业工人,最终成为准市民乃至新市民,城市的教育、医疗、社会保障、住房等领域的制度改革都对进城农民的工作生活产生了很大的影响。如果城市的制度创新反应滞后,忽视日益庞大的进城农民群体,必然要遭到进城农民群体的相应抵抗和抵触,甚至有可能引发严重的社会问题。因此,必须要加快统筹城乡的制度创新,创造良好的制度环境,促进农民工及其家庭更好地融入城市。

第二节 现代农业发展规划的制定与循环农业发展对策

20 世纪中叶以来现代农业的发展和变化,深刻反映了现代科学技术革命对农业的影响和改造。现代农业是发达的科学农业,包含高水平的综合性生产能力,具备应用现代科技和装备、集约化、可持续等特征。从传统农业到现代农业的转变过程,是一个技术变革、经济变革、深化变革交织在一起的过程。而要顺利实现这个转变,离不开现代农业发展规划的制定,以及采取的循环农业发展的对策。

一、现代农业发展规划的制定

(一)现代农业规划的依据和内容

现代农业发展规划通常是指当前大农业中种植业、林业、畜牧业、水产业等综合规划。种植业的规划依据是农产品的社会需求量,它包括生活需要量、生产需要量和国家(含出口)需要量。生活需要量就是吃、穿、用等生活消费量。生产需要量一般包括农业生产、轻工业生产、加工业生产原料的需要量。国家需要量包括储备需要量和出口需要量。

林业规划的主要依据就是满足生态环境建设和社会经济发展的需要。合理安排防护林、用材林、经济林、特用林和四旁树的比例,从而应对市场需求。合理安排林中比例,是林业发展规划的一项重要任务。要根据当地自然生态环境特点和社会经济发展的需要,合理调整规划各林种面积。

畜牧业涉及两个密切相关的生产过程,即牲畜、家禽本身的生长、繁殖过程和饲草、饲料的生产过程。从事畜牧业生产必须将这两种生产过程密切结合。畜牧业的规划依据是畜禽产品需要量和畜禽产品生产量。畜禽产品需要量的确定,除要按人体科学营养标准确定外,还要考虑市场需求,农业部门对役畜、肥料的需要,工业生产对皮、毛、骨、油、乳、肉等原料的需要,以及畜牧业本身扩大再生产的需要。此外,还应考虑国家和外贸的需要。畜禽产品生产量根据规划期内的需求量和当地的自然、经济资源量确定生产量,具体内容包括畜(禽)群规划、养畜定额、畜产品的产量规划、饲料需要量。

水产业规划包括海水养殖及捕捞业和淡水养殖业。规划的依据是水产品需要量、养殖面积、单位养殖面积产量。水产品需要量要考虑当地人民生活对水产品的需要量,当地食品、医药、化工、饲料等工业的发展对水产品原料的需要量和国家调出量。养殖面积是规划期末人工养殖水生动物的水域面积,包括淡水养殖面积和海水养殖面积,但不包括稻田养鱼面积。确定规划期末养殖面积首先应看当地可供养面积的大小。规划期末养殖面积的公式为:

规划期末养殖面积＝淡水养殖面积＋海水养殖面积＝基期已养殖面积＋规划期内新增养殖面积

现代农业规划的思路就是要调整优化农业生产结构,促进种养业全面发展;全面提高农产品质量,增强市场竞争力;不断优化农业区域布局,充分发挥地区比较优势。

现代农业规划的重点在于:第一,建设稳定的、优质的农产品基地,发展优质专用粮食基地、优质棉花基地、油料基地、大豆基地,同时继续实施节水农业示范、"三元结构"种植试点示范、天然橡胶等基地建设项目。要按照国际动物卫生质量标准要求和国际市场需求建设畜产品基地。第二,建设农业良种工程,持续供应良种。这是提高农业科技含量、促进农业发展的基础性和公益性工程,包括农作物良种工程、畜禽良种工程、水产良种工程。第三,加强农业基础设施建设,提高农业的物质和技术装备水平。

(二)现代农业规划的指标和方法

1.现代农业规划的指标

与种植业生产量有关的规划指标主要有种植面积、复种指数、单位面积产量、总产量等。

林业规划的主要指标有林地面积、森林覆盖率、林产品产量、木材产量、林业产值等。要综合考虑相关因素的影响,从需要和可能两个方面进行多方案比较,反复计算。

畜牧业规划指标主要有适宜载畜量、畜产品产量。由于不同畜种消耗饲料量不同,载畜量常用"家畜单位"作为计量标准。一般以一头成年母牛作为一家畜单位,其他年龄牛和其他畜种,用它们所消耗的饲料量与一头成年母牛所消耗饲料量的比值作为它们的家畜单位。畜产品的产品量指标一般以肉、蛋、奶的产量数、畜皮的张数等表示。

水产业规划的指标主要有捕捞生产量、养殖生产量、放养密度、混合放养与搭配比例、渔业产值等。

2. 现代农业的线性规划方法

线性规划可以解决农业生产经营管理中两大方面的问题：如何以最少的投入换取最多的产出、如何在一定的资源条件下寻求创造最多产值的途径。应用线性规划解决上述问题应该满足下列条件：第一，决策者必须有一个他想达到的目标（如利润最大或成本最小），并能用线性函数描述目标。第二，为达到这个目标存在多个方案。第三，要达到的目标是在一定约束条件下实现的，这些约束条件可用线性等式或不等式描述（其中包括非负约束）。线性规划的建模技术，首先要确定决策变量。在农业系统中，常用到多层次组合决策变量。例如，土地的自然条件有肥田、一般田、瘠田，种植品种有水稻、玉米、棉花，应由两个层次的二元组合产生决策变量。其次，要建立约束方程。最后，要确定效益系数。

二、循环农业发展对策

由于常规农业对生态环境、社会可持续发展的负面影响，从20世纪60年代末到90年代初，人们就开始在世界范围内探讨农业可持续发展模式。可持续农业发展需要从景观、生态系统、群落、种群和个体层次开展农田景观生态规划、循环系统建设和生物关系重建，大力推进生态农业、循环农业发展。各国针对传统农业、集约化农业的缺点，开展大量的长期定位研究，提出了不同类型的可持续农业发展模式。对此，我国提出了生态/循环农业。循环农业的本质特征是产业链的延伸。循环农业产业链条是由种植业、林业、渔业、畜牧业及其延伸的农产品生产加工业、农产品贸易与服务业、农产品消费领域之间，通过废弃物交换、循环利用、要素耦合和产业连接等方式形成呈网状的相互依存、密切联系、协同作用的农业产业化网络体系,其资源得到最佳配置,废弃物得到有效利用,环境影响减少到最低水平。

农村是以从事农业生产为主的劳动者聚居的地方,涉及生产用地、生活用地和生态用地,必须从不同层次上构建农村生产、生活和生态系统,优化农村土地利用空间格局。限于篇幅,以下只从发展循环农业、治理农业环境源头、提升畜牧养殖环境质量、实施节电/能工程几个方面入手,探讨循环农业发展对策。

(一)发展循环农业

发展循环农业,主要在于发展低碳、有机、无公害、生态、绿色农业。

1.发展低碳农业

低碳农业就是生物多样性农业,核心要点是减少排放、降低污染,提高农业节能减排技术,打造循环、可持续发展产业链,发展无公害、绿色农产品,提高农产品质量。发展生物多样性农业,尽量避免使用农药、化肥等,这并不意味着降低人们的生产、生活质量。例如,四川广元的龙潭乡就是一个低碳农业示范乡。该村民居是园林式的,风格统一;生火做饭夏有沼气、冬有植物气化炉;果树、蔬菜防虫害使用频振灯和黄板;零排放和微排放技术也已解决牲畜粪便污染问题。另外,人均林地面积达 7.3 亩,大面积的林地成为一个碳吸收的天然大工厂。总的来说,龙潭乡的低碳农业提高了生态效益、经济效益和社会效益,也有效地提高了人们的生活质量。

低碳农业是农业的唯一出路,我们要大力发展低碳农业技术并加以推广。

2.发展有机农业

有机农业就是指"在生产中不采用基因工程获得的生物及其产物,不使用化学合成的农药、化肥、饲料添加剂、生长调节剂等,遵循自然规律和生态学原理,协调种植业和养殖业的生态平衡,采用一系列可持续发展的农业技术,以维持持续稳定的农业生产体系"①。有机农业有益于人体健康,同时能减少环境污染、保持生态平衡,因而是一种可持续发展农业。

20 世纪 80 年代,我国开始进行有机农业生产。1984 年,中国农业大学开始研究和开发生态农业、有机农业及有关产品。1990 年浙江省茶叶进出口公司开发的有机茶第一次出口到荷兰。1994 年 10 月,国家环保局正式成立有机食品发展中心。同年,辽宁省开发的有机大豆出口到日本。此后,我同各地陆续发展了众多的有机食品基地。有机农业有很大的发展前景,"至 2004 年年底,我国有机农产品基面积达到了 146.5 万公顷,并逐年在增加"②。有机农产品逐渐成为消费市场的时尚和主流。

3.发展无公害农业

无公害农业要求充分利用自然资源,不能对生态环境造成破坏,不能对人体健康有负面影响,既要取得良好的经济效益,还要做到生态效益、社会效益的统一。无公害农业具有安全性、系统性、生态性、无公害、依赖高新技术的特点。无公害农业生产限制或禁止使用有毒有害生产资料,严密监测和控制生产过程的各个环节,因此无公害农业的生产方式对生态环境和农产品没有伤害。无公害农业生产不仅关注最终的农产品,也强调生产过程的管理,实行"从农田到餐桌"的全程质量控制。无公害农业以生态农业为出发点,充分利用可行的生态农业技术、自然界的资源和条件,以土壤自身肥力为基础,不用或少用化学肥料和农药,多施有机肥,优先采用物理和生物的技术防治病虫草害。常规农业生产为了获取经济效益往往牺牲生态效益,而无公害农业是生态效

---

① 唐洪兵,等.农村生态环境与美丽乡村建设.北京:中国农业科学技术出版社,2016:65.

② 唐洪兵,等.农村生态环境与美丽乡村建设.北京:中国农业科学技术出版社,2016:67.

益、社会效益和经济效益相统一的产业。无公害农业生产对产品质量和生态环境有更高的要求。比如,病虫害防治不用常规农药和常规的用药方式,而研制开发新农药、探索新的用药方式,既要保证高产优质又不能污染环境,还要保护好害虫的天敌。无公害农业还有很多标准和具体措施,但以上几点是最核心的。

4.发展生态农业

生态农业将农业生态系统同农业经济系统相统一,也是农、林、牧、副、渔各业综合的现代农业。生态农业主要是就生态环境来说的,因而不是说生态农业产出的农产品就是绿色食品。生态农业包含传统农业精华,又利用了现代科技,以协调发展与环境、资源利用与保护之间的矛盾,使得生态与经济形成良性循环,因而具有综合性、多样性、高效性、持续性等特点。

5.发展绿色农业

绿色农业源于20世纪初的英国,是现代农业发展的一种模式。它要求保持生物的多样性,保持人、环境、自然与经济的和谐统一,生产出来的应是无污染、无公害的绿色食品。因此,从本质上讲,绿色农业也就是生态农业。"绿色农业"中的"绿色"指的是资源的节约、再使用和再循环;绿色食品是指无污染的安全、优质、营养的食品。绿色农业要求农业发展要遵循生态规律、合理利用农业资源、使农业经济系统和谐地纳入自然生态系统的循环过程中去。

1981年,我国提出"绿色农业"概念,而后逐渐发展。1998年又发布了《全国生态环境建设规划》,部分商品及食品开始实施绿色标志及环境标签制度。目前,我国的绿色农业有三个发展目标,即确保农产品安全,确保生态安全,确保资源安全。

(二)加强治理农业环境源头

从源头上加强对农业环境的治理,如充分利用农作物秸秆;减少农用车对生态环境的危害;减少占用耕地建房,避免土地流失。

（1）充分利用农作物秸秆。农作物秸秆的利用途径有很多，如肥料化、饲料化、能源化、生物转化、碳化、原料化等。这些应用既有较高的经济价值，也有益于生态环保。将秸秆做肥料的处理办法，如机械粉碎，将秸秆覆盖留茬还田、就地覆盖或异地覆盖还田，或者利用微生物菌剂对农作物秸秆进行发酵腐熟后直接还田，或者堆沤还田，或者利用秸秆生物反应堆法，将农作物秸秆发酵分解产生二氧化碳。秸秆饲料化，即通过利用青贮、微贮、揉搓丝化、压块等处理方式，把秸秆转化为优质饲料。秸秆能源化主要包括秸秆沼气（生物气化）、秸秆同化成型燃料、秸秆热解气化、直燃发电和秸秆干馏等方式。秸秆生物转化，即利用秸秆中的碳、氮、矿物质及激素等营养成分做食用菌的培养料。秸秆碳化则是利用秸秆为原料生产活性炭。秸秆原料化即利用秸秆纤维的生物降解性能做工业原料，如包装材料、保温材料、纸浆原料、各类轻质板材的原料。

（2）减少农用车对生态环境的危害。农用车在农业中广泛使用，在提高生产力的同时，废气排放、噪音等对环境也造成了很大的破坏，该报废的农用车继续使用不仅污染环境，还会带来其他安全隐患。因此，农用车的使用需要遵守国家标准，正确使用。

（3）减少占用耕地建房，避免土地流失。全国各地占有耕地粮田建房现象十分严重，导致土地大量流失，必须要加以制止。对此，国家已经颁布了《关于制止农村建房侵占耕地的紧急通知》。该通知规定，农村建房用地，必须统一规划，合理布局，节约用地。农村社队要因地制宜，搞好建房规划，充分利用山坡、荒地和闲置宅基地，尽量不占用耕地。

（三）提升畜牧养殖环境质量

提升畜牧养殖环境质量，大力发展生态健康养殖，如生态环保养猪、鸡，养殖无公害蛋鸭等。

生态环保养猪利用发酵床原理，在经过特殊设计的猪舍里，按一定比例混合的锯末、秸秆、稻糠以及一定量的辅助材料和活性剂发酵形成的有机垫料,通过有益微生物迅速降解、消化猪的排泄物,实现零排放。

生态养鸡重点考虑场地选择、品种选择、育雏方式、通风换气、疾病预防,日常管理要严格,处理好鸡粪。其中,鸡场的位置必须远离主干公路、居民区、其他畜牧场特别是鸡场。场地必须水源充足且无水患,水经过处理后符合饮用水卫生标准。地形地势总的要求是地势较高,平坦干燥,排水排污良好,通风向阳。鸡场还应考虑通信、通电、通水、通路。生态养鸡处理鸡粪是重中之重,应将其堆积发酵后还田处理。鸡粪中含有很高的营养成分,作饲料的好处也显而易见,环保又经济。

无公害蛋鸭的生产,要掌握一定的养殖技巧和注意事项,推动蛋鸭规模化、集约化生产。例如,要选择体形小、成熟早、耗料少、产蛋多、适应性强的品种。蛋鸭进入产蛋期后,在饲养上要求高饲料营养水平,管理上要创造稳定的饲养条件,这样才能保证蛋鸭产蛋高产、稳产。蛋鸭在一年中有两个产蛋高峰期,一是在3—5月,二是在8—10月,其中,以春季产蛋高峰更为突出。因此,一定要搞好这两个时期的饲养管理。

(四)实施节电、节能工程

实施节电、节能工程,如开发清洁新能源。如今所说的新能源通常指核能、太阳能、风能、地热能、氢气等。核能的潜力非常大,并且污染非常小。其他如太阳能、风能、地热能、氢气等也比较环保,不过目前的利用要少一些。但是,能源清洁化是主流。现在一些农村开始利用动植物生长过程中衍生的物质做能源,比如牲畜的粪便、农作物的残渣、薪柴、制糖作物、垃圾等。这些物质的开发前景也非常大,同时利用技术也亟待提高。

第三节　新形势下农村二、三产业的规划与建设

近几年来,随着城镇化进程的加快,农村招商引资的力度也

大大增强,农村工业也因此发展壮大,促进了农业产业化的发展,成为吸纳农村剩余劳动力和促进农民增收的重要渠道。另外,农村第三产业的发展也逐步实现了总量迅速增长、结构不断优化,在农村经济乃至整个国民经济中的相对地位不断提高。但是与新形势发展的要求相比,农村二、三产业发展还有很大差距,需要加强规划与建设。

一、农村工业发展规划与建设

按照三次产业划分的理论,工业包括制造业、加工业、采矿业等。农村工业可作两种解释:一是农村地域上的工业,二是农村社区自我发动型工业,又称乡镇工业,是农村地域上除县级工业及国有企业工业之外的所有工业,包括乡镇办、村办、个体和其他私营形式工业等。后一种解释与《中华人民共和国乡镇企业法》(1996年)中乡镇企业的概念是基本一致的。这种解释融农村地域、农民身份和企业所有制于一体,有助于深入考察农村工业与"三农"发展的过程,有助于解释社区管理者和农民行为与农村经济的内在联系。

我国农村工业的发展有几个重要特点:第一,农村工业发展迅速。1978年,只有9.5%的农村劳动力从事工业活动,非农收入占整体农村收入的比例低至7.6%。2006年,有40.51%的农村劳动力参与到当地的工业部门之中,34.2%的农村收入来自非农收入。农村工业在农村社会总产出中的地位也显著提高。第二,农村工业主要集中于劳动和资源密集型的产业。农村工业依托其自身丰富的资源、大量剩余劳动力发展相关的产业。第三,农村工业和城市工业多个方面存在联系。例如,城市企业的技术、设备、人员以及市场渠道,都可以为农村工业企业所借用、借鉴。第四,农村工业发展在地区间的分布不平衡。例如,江浙等东部沿海一带,农村工业在社会总产出中占的份额很大,而西部内陆地区,农村工业在社会总产出中所占份额很低。由于东中西部农村工业发展水平不同,因而在吸纳劳动力就业上也存在较大的差异。"东部地区农村工业吸纳劳动力就业数量是中部地区的2倍,是西部地区的9倍"。[①] 从结构上看,2004年,"全国75.6%的规模企业集中在东部地区,且大多数的规模重工业和轻工业也在东部地区"[②]。

另外,受其他一些因素的影响,近些年,我国农村工业发展出现了一些新形势,首先是发展的速度明显减缓,其次是农村工业的生产经营结构正在由资源密集型、劳动力密集型向着资本密集型的方向发展,且投资主体呈现出多元化趋势等。在新形势下促进农村工业发展是一个崭新的时代使命,同时也是一个复杂艰巨的任务。对此,无论是在思想观念上,还是在政策制定上,政府都应该走在发展的前面,应该紧密结合农村工业发展的实际,实事求是地制定出相应的发展规划、政策措施,尤其是要做好农村工业发展规划,让农村工业发展建设有依据可循。

(一)农村工业发展规划编制的原则

农村工业发展规划编制应遵循面向市场、因地制宜,适当集中、发挥优势、加强横向联合、统筹兼顾、资源综合利用与环境保护相结合的原则。

(1)面向市场。农村工业是商品生产,必然要活跃于市场。因此,确定农村工业规划要审时度势,要科学、及时、正确地了解市场的容量和供给状况,预测市场变动的趋势,使农村工业的发展方向与市场需求的变动相一致。

(2)因地制宜,适当集中。农村工业要因行业因产品制宜,与小城镇建设相结合。农村工业适当集中于乡镇,有条件的要集中于工业园区,以充分利用乡镇已有的基础设施,合理有效利用资

---

① 农业部软科学委员会.现代农业与新农村建设.北京:中国财政经济出版社,2010:311.

② 农业部软科学委员会.现代农业与新农村建设.北京:中国财政经济出版社,2010:312.

源,促进环境的保护与生产。

(3)发挥优势。确定农村工业发展方向,前提是要正确分析自己的优势和劣势,充分利用现实优势,发展生产,并逐渐发展自己的竞争优势。例如,可以以传统的名牌产品为核心,形成与之配套的工业体系来发展生产。

(4)加强横向联合。为逐步形成集群式发展模式,农村工业应在不同类型之间发展协作联系,合理布局。另外,由于工业生产需要结合资源、劳力、资金、技术等生产要素,因此,农村工业还要大力发展不同地区之间、不同生产环节和不同生产要素之间的多形式、多渠道、多层次的横向经济联系和技术合作。

(5)统筹兼顾。农村工业是农村经济的重要组成部分,与农业、林业、渔业、畜牧业,以及农村交通、商业服务等形成一个有机整体,必须要统筹兼顾、协调发展。另外,农村工业本身在速度和效益、时间和空间、生产和销售等各个环节上,也要协调发展。

(6)资源综合利用与环境保护相结合。资源的综合利用不仅可以生产更多的产品,把一次利用变为多次利用,提高资源的经济价值,同时也促进环保。因此,在规划中要从全局出发,综合开发利用资源。并且,要把保护生态环境作为重要原则,新项目建设前对自然条件进行周密的调查研究,做好环境影响评价,最大限度地减少污染。

(二)农村工业发展规划的内容

编制好工业规划布局方案,将对整个区域规划布局起到主导的推动作用。区域工业的布局不仅关系到规划地区内工业建设的投资和经济效果、地区资源的综合利用,还关系到工业的部门布局和工业本身的发展,并深刻影响规划地区农业的发展、交通运输和基础设施的建设等。农村工业规划布局是生产力地域组合的骨架,在农村经济发展中起着重要作用。因此,必须做好以下几项工作:第一,系统调查研究本地现有工业的部门结构、生产发展的特点以及分布的状况,综合评价区域工业发展的自然资源条件、经济地理条件和现有工业基础。第二,对规划期内新建的工厂、骨干企业进行科学选址和配套。第三,合理安排工业布局,为综合开发利用地区资源、共同使用基础设施和本地工业综合发展创造条件。下面主要就农村工业发展规划模式、农村工业主要行业和项目规划进行分述。

1.农村工业发展规划模式的选择

影响农村工业模式选择的因素,涉及农村工业的现状与生产基础、资源条件、建设条件资源、国家有关发展农村工业的方针政策等。在农村工业的现状与生产基础方面,要调查农村工业发展水平,包括企业规模、主要经济技术指标、设厂依据、扩建与改建的可能条件等。在资源条件方面,要调查农业资源和矿产资源、能源等的质量、数量、储量、分布和开发利用条件等。在建设条件资源方面,要调查土地、水源、电源、交通条件等。在搜集生产、技术、经济活动的历史资料的基础上,进一步分析本地区的工业开发布局,从中得出经验与开发潜力所在。在国家有关发展农村工业的方针政策方面,要掌握当前国家对于农村工业发展有关的方针、政策和国家产业政策中规定的应予发展和限制发展的产业部门,以及有关的环保政策、法规。同时,开展有关市场情况的调查工作。

农村工业发展模式主要有农副产品加工和综合利用、林产品加工、矿产资源加工系列、能源系列开发模式。

农副产品加工和综合利用又分粮食加工系列、蔬菜加工系列、水果加工系列、畜禽产品加工系列、水产品加工系列、烟草及茶叶加工系列、药材加工。其中,粮食加工系列是一种常规性工业开发模式,主要是粮食加工制品工业、面粉工业、碾米工业、榨油工业和蔗糖工业。蔬菜加工系列主要包括盐类、糖类腌制蔬菜、蔬菜罐头、蔬菜加工保鲜。水果加工系列包括果干、果脯、水果罐头加工业,以及水果保鲜工业和水果制汁加工业。畜禽产品加工系列包括畜禽产品的初加工和成品加工。初加工包括乳品、蛋品、洗毛、熟皮、肠衣、冷冻、腌制、骨粉、骨胶等。成品加工包括各种以肉、奶为原料的食品工业、罐头工业、制药工业、毛纺织工业、皮革制品工业、裘皮精制工业、羽绒制品工业等。水产品加工系列主要是将水产品加工成干品、腌制品、熟料制品和罐头制品，其下脚料可加工成鱼粉等饲料，另外，还有新近的烧烤制品。烟草及茶叶加工系列，烟草主要加工为卷烟、烤烟、晒烟；茶叶主要分初加工和精加工。药材加工主要是将植物药材、有药用价值的野生动物加工成为治病的、保健的药品。

林产品加工主要有三大类：木材加工业、林产化学工业、林间种养产品加工业。其中，木材加工系列主要由方木、板材、人造板三大类组成。林产化工加工系列包括栲胶、松香、樟脑、木材干馏，还有新近的利用锯末生产酒精、糠醛、紫胶、五倍子、单宁酸、活性炭、纸板、胶合板和软木制品等。林间种养业产品加工系列，包括经济林木、菌类植物的加工。

矿产资源加工系列以采掘业为主，另外，还有粗加工或为粗加工的选矿和粗冶业，具体包括金属矿产品加工系列、非金属矿产品加工系列、其他非金属加工系列。其中，金属矿产品加工系列包括黑色金属加工、有色金属加工，以及稀土、稀土金属加工。非金属矿产品加工系列以建材工业为主，化学工业为辅。其他非金属加工系列如宝石、玉石类的加工。

能源系列开发模式主要是对煤炭、水能、风能、太阳能和沼气能等的开发。

2. 农村工业主要行业和项目规划

农村工业主要行业和项目规划主要包括产业结构规划、产品结构规划、农产品加工的重点领域。

（1）产业结构规划时，应注意两个问题：第一，要注意避免与城市工业的趋同。乡镇企业的发展初期由于市场供给严重不足，社会对产品的需求急剧膨胀，便通过引入和模仿国有企业的产品和技术，以低成本、低水平进入市场，迅速发展起与城市工业相似的产业和产品。这就导致了乡镇企业与城市工业结构趋同,加剧了城乡间、地区间的原材料、产品的过度竞争,加大了各自的交易成本。第二,要注意提升水平。目前的农村工业大多以技术含量较低的农产品初加工、轻纺、服装、小型化工、传统机械制造等产业为主,高新技术产业少。所以,在农村工业结构调整中,应发展高科技产业,以逐步实现产业结构的高度化为战略目标。在发展高新技术产业时,从实际出发;拿不下整个产业时,要把重点放到投资少、见效快的高新技术产品上;对现有产业,凡淘汰产品,生产过剩产品,耗能过多、破坏资源严重、污染严重且近期无法治理的,适当调整或者放弃生产;对技术、设备、工艺落后的产业,市场需求量大的产业,进行高新技术改造,变夕阳产业为朝阳产业;传统产业暂停,发展新企业,把着眼点转向农副产品加工、储藏、保鲜、运输、生物综合利用上来。

(2)农村工业产品结构重点应放在提高产品的加工深度上,以增加其附加值,提高产品质量、增加技术含量;要以满足不同收入水平、不同消费者需求和市场变化为前提,在保证产品质量的基础上,不断更换式样,调换花色品种,增加功能。

(3)农产品加工的重点领域。2002 年 8 月,农业部制定了《农产品加工业发展行动计划》,提出了农产品加工发展的重点领域,可作为制定农产品加工业规划的重要参考。该文件提出的农产品加工发展重点领域包括粮食加工;肉、蛋、奶制品及饲料加工;果品加工;水产品加工;蔬菜加工;茶叶冷藏加工;皮毛(绒)加工。其中,粮食加工以小麦、玉米、薯类、大豆、稻米深加工为重点,配套进行粮食烘干等产后处理。

(三)农村工业园区的建立

建立农村工业园区是农村工业发展规划与建设的重要内容。

工业企业设点相对集中,既有益于企业之间的分工协作,也有益于企业的优化组合和规模经营,降低成本,增加效益。工业园区是农村工业集中的一种重要形式。工业园区的开发主要是在现有的城乡界限尚未完全拆除,乡镇企业主体大量采用兼业行为的现实背景下,把孤立分散于自然村落的乡镇企业相对集中。工业园区的建设有的以集镇为中心,有的以骨干企业为龙头,还有的是同行业或同产品的企业相对集中,有利于统一规划,合理布局,既节省了大量基建投资,也减少了对耕地的占用。

工厂选址一般考虑以下要求:用地的面积、地形、工程地质、水文地质条件,用水的数量、质量,"三废"的排放与处理,供电、供热、运输、协作等方面的要求,国防、安全、卫生、抗震、防火等规范的要求。重要工厂的厂址选择应尽可能远离重要的风景区和历史文物保护区。工厂不应布置在水库的下游地带或决堤时可能淹没的地区;生产易燃、易爆等危险品的工业和仓库区应配置在城市的外围和盛行风向的下风侧;同时必须考虑工业对周围环境、农牧业、渔业可能产生的不利影响。配置在同一工业区内或相邻的工业区,其相互间不应有妨碍卫生及对产品质量不良的影响。

乡镇工业的发展必须与资源、环境相协调,必须与城市化进程相协调、因此必须有科学的规划,区划的正确引导。每个县、市的乡村工业区的数量不宜过多,根据自身的特点及合理布局,以3~5个为宜。工业区过多,会造成工业区规模过小,发挥不了集聚效益;工业区过少,会脱离农村这个根;工业区过度膨胀,也会使建区投资大为增加,建区难度加大。

二、农村第三产业发展规划与建设

第三产业是提供各种服务的产业,也称广义服务业。2007年,根据"十一五"规划纲要确定的服务业发展总体方向和基本思路,国务院做出《关于加快发展服务业的若干意见》,就农村生产服务体系、生活服务基础设施建设提出了相关的要求。

1985年4月5日,国务院同意并转发了国家统计局《关于建立第三产业统计的报告》。该报告对三次产业作如下划分。第一产业:农业(包括林业、牧业、渔业等);第二产业:工业(包括采掘业、制造业,自来水、电力、蒸气、热水、煤气相关产业)和建筑业;第三产业:除上述第一、第二产业以外的其他各业。2003年,国家统计局颁布了《三次产业划分规定》,对三次产业作了重新划分,其中将农、林、牧、渔服务业由原先所在的第三产业划归第一产业。由此农村第三产业主要包括三个方面:一是农村第一产业中的农、林、牧、渔服务业;二是乡镇企业口径下除农林牧渔业、采矿业、制造业和建筑业以外的所有产业,如交通运输仓储业、批发零售业、住宿及餐饮业、社会服务业等;三是农村公共服务业。以下就农业第三产业中的流通行业、服务行业的规划问题进行阐述。

(一)流通行业规划与建设

农村流通行业涉及农村交通运输业、农村物流业、农村商品零售业,其系统、结构各有不同,因此要进行不同的规划。

1.农村交通运输业

(1)交通运输系统及其结构。交通运输大系统中的运输方式结构,包括铁路、公路、水运、航空和管道、磁悬浮等现代运输子系统,这些子系统又各有其优势和特色,在一定的地理环境、技术条件和经济条件下有各自的合理使用范围。"十五"以来,我国公路建设快速推进,农村公路的建设也得到加强,公路"村村通工程"在我国的大部分农村地区正逐步成为现实。由于道路运输具有机动灵活、投资少、见效快、易于经营、通达性好等特点,可以实现门到门运输,因此,在服务农村经济发展、方便农村居民生活方面具有其他运输方式无可比拟的优越性,在今后相当长的时间内将一直是我国农村运输市场运力的主要构成。

(2)交通运输市场及其结构。农村道路运输市场是道路运输市场的子系统,是农村经济发展过程中资源有效配置的重要手段,包含农村运输劳务交换的场所以及交换主体之间产生的各种关系的总和。我国农村道路运输市场主体结构划分可以分为运输需求方、运输供给方、运输监管方三方。运输需求方包括各种目的出行的农村居民和需要运输的各类货物;运输供给方包括专业从事农村道路运输的客运和货运企业、个体户等;运输监管方是指农村地区的各级道路运输主管部门。

农村道路运输市场需求结构是制约供给结构发展的主要因素。我国幅员辽阔,各地区农村发展与自然资源的分布存在显著差异,致使我国地区间农村道路运输的需求结构存在许多不同。参与农村道路运输的各类客运和货运车辆的构成状况,即农村道路运输市场的运力结构,反映了我国道路运输市场的发育程度和经济发展水平。客运运力结构以客运车辆的车座数作为划分依据,合理的客运运力结构应该符合当地农村发展实际,参营客车的数量与质量要满足当地居民的出行要求,提供群众有支付能力的运能。结合我国农村经济发展水平和各地区农村产品之间的差异,农村道路运输市场货运运力结构不宜只有单一的衡量标准,还要看其能否适应和满足当地产品类型的运输,促进农村地区经济社会的发展,切实起到道路运输的基础和先导作用。

(3)交通运输系统规划。交通运输系统规划旨在改进交通运输系统和建立规划交通运输资源的合理分配,同时要确定交通运输系统近期和远景发展的蓝图。进行运输规划应满足社会、经济、人口、国防、环境等方面的运输需求与条件;充分考虑交通运输大系统及其各子系统的各种技术特点与环境要求,发挥最大的综合运输效能,提高交通运输系统综合运输能力;要根据国家政策,通过对环境的调查研究,采取定性与定量相结合的方法进行规划、设计,最后提出综合运输发展方案;特别要注意综合交通运输规划的整体协调,网络和枢纽系统的衔接与优化。

完善的综合运输规划,其内容主要包括以下几点:对相关建设资料及数据进行建档;进行环境现状的调查与分析诊断,以及运输需求分析;明确综合交通运输系统发展的有关政策、目标和规划准则;运输体制和财政的现状分析与未来预测等。

(4)可持续性交通运输系统规划。可持续交通运输系统规划的目标就是既要满足当代人的需要,同时又要限制对未来的负面影响。可持续交通运输系统应该符合下面目标:发展调控的机制能够促进交通运输系统的发展并协调经济发展;可持续性交通运输系统的发展不能超越资源与环境的承载能力;交通运输系统发展的结果是提高人们的生活质量。

交通运输规划的过程一般可以分为背景分析、方法选择、需求预测、方案生成与评价。结合当前社会的经济发展,我国城市交通规划存在的问题和可持续目标的交通运输规划的一系列研究问题主要包括:可持续城市交通系统模式研究、高度信息化社会条件下的交通需求技术研究、能源消耗分析与预测技术、环境影响分析与预测、保障体系研究。可持续交通运输系统规划理论的总体框架如图 5-1 所示。在图 5-1 中,可达性目标的实现是交通运输对人出行和社会生产、消费流通的需求的满足,而其前提是要分析研究人们交通出行行为,分析研究交通与物流。对这两方面需求满足的目的是在于实现对可持续发展需求的满足。机动性目标的实现则从交通供需平衡的分析出发分析交通运输内部不同方面的问题,合理有效地配置、利用交通运输资源,协调交

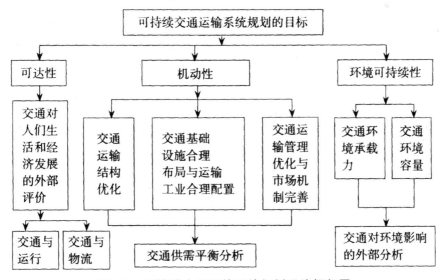

图 5-1 可持续交通运输系统规划理论框架图

通各方面的行为。环境可持续性目标则通过交通环境容量和环境承载力指标分析交通对环境的外部影响。

2.农村物流业

农村物流的范围不仅仅包括农业物流和农产品物流,更多地表现为一个地域性物流概念。农村物流应该被理解为发生在农村的物流活动。这些物流活动服务于农业,也服务于位于农村的工商企业。

与城市物流、工商业物流相比,农业物流具有显著的特征。第一,农村居民分散居住,村落广布,从而导致农村物流的分散性,分布面广而规模小的特征。第二,农村的生产者和消费者基本融为一体,生产行为和消费行为有时有一定程度的重合,许多物流是在其内部完成的。第三,农业生产有着非常强的季节性,这就决定了农村物流也具有较强的季节性。第四,农村物流的客体大多是有生命的植物、动物或其他生命体微生物,因而农村物流对加工、储存、保管、运输等都有特殊要求,如保鲜储存、保鲜运输、保鲜加工等。第五,农业生产方式的多样性决定了农村物流方式的多样性。不同的农业生产方式,对物流服务的需求也不同,同时相同的服务内容也会导致不同的成本水平。

与需求特征相对应,农村物流的供给也表现出明显的特征。第一,农村物流受到政府的高度重视,国家相继出台了一系列关于农村物流的文件,如《关于加快农产品流通设施建设的若干意见》《粮食流通基础设施建设"十一五"规划》《关于保障蔬菜水果等主要农产品道路运输安全畅通有关工作的通知》等。第二,标准化相对滞后,适应农业物流发展的基础类、技术类、服务类、信息类和管理类标准体系仍未建立起来。第三,在农产品的流通市场中,农民很难真正承担起市场主体的角色,分散、细小的生产经营方式限制了农民的交易方式。第四,农业物流主体呈现出多元化发展的特征,除了国有商业企业、农业供销社之外,农业物流中的集体、个体、私营、股份制以及外资企业发展十分迅速。但是,我国农业物流主体规模小,网络不健全,市场覆盖面较窄,专业化的第三方农业物流的规模和实力都较小。第五,农村物流信息化程度低,农民对信息识别的分析能力较弱,生产决策的盲目性也比较大。第六,农村物流基础设施滞后,信息管理系统不健全,网络营销少,农产品信息服务不周到、不及时。第七,宏观环境有待改进。农村地区的物流政策不到位,物流作业难以规范,不公开交易、不规范操作等比比皆是。

农村物流规划的基本目标可归纳为:根据国家物流体系的总体发展战略和布局,结合区域资源特点及市场需求,加强本区域物流基础设施建设,尤其是农村物流配套设施和市场体系建设。具体措施:第一,建设农村区域物流中心点,这些中心点包括农产品采购中心、加工包装中心、分检运输中心、储存保管中心、农用品供应服务中心、城市的农产品销售配送中心等。通过物流中心点的建设,使之成为区域物流活动或物流组织管理的枢纽。第二,建设区域物流网。农产品的区域物流网建设应该是一个采集—集中—配送的过程,应形成以批发配送、仓储中转、水运直达运输、公路快速运输、航空高速运输、铁路大宗运输和信息即时服务为主体的物流体系,构建满足区域内生产、生活需要的农产品区域快捷配送网络。第三,构建区域物流网的层次结构,如1小时左右高效配送物流圈,24小时内分拨及终端配送物流圈,48小时内与国外物流网络接轨的国际物流圈,完成国内外物流的一体化。

3.农村商品零售业

从一般意义上讲,农村零售商业是指面向农村市场提供生产资料与生活资料的零售商业,其服务的对象是"三农",因而它与城市零售商业相比,存在商业总量较大与个体规模不经济并存的现象。农村零售商业年销售额的绝对量比较大,但单个个体经营户都不足以支撑日趋激烈的零售商业竞争;农村居民点分散,人均购买力较低。

面对农村零售商业发展面临的现实市场环境,发展农村零售业要做好战略上的选择。第一,实施连锁经营,规避农村零售商业存在的总量较大与个体规模不经济并存、居民点分散和人均购买力较低的现实方面的障碍,扩大农村商业企业的规模和抗拒风险的能力,提高农村零售商业经营效率。虽然连锁店所售商品价格可能会比一些个私商户高一点,但是因为它的可信度比较高,一般不出售假冒伪劣商品,所以会受到农民的欢迎。第二,以日用消费品经营为主导发展零售业。随着我国小城镇建设步伐的加快和大量农村剩余劳动力的就地转移,农村消费者的购买力日益增强。基于目前农村消费品如家电、家具、服装、珠宝首饰等仍由城市零售商业提供这一现实,发展农村、乡镇零售商业应在商品经营定位上先选择以这些商品为主导的日用百货连锁店,等有了一定的基础和规模后再逐步演变成各类专业性连锁经营。第三,农村消费者需要商品和消费知识的"双重服务"。目前,农村商品市场存在不少安全问题,而农村消费者又普遍存在着商品知识与品牌鉴别意识的不足,使得农村消费者的权益常常受到损害。农村市场除需要零售商业提供各类商品销售服务外,还需要提供真假商品的识别、品牌的认知、商品使用功能及使用方法等知识。

农村零售商业发展的基本途径主要包括:第一,城市百货店向农村发展连锁店。正规连锁是在同一投资主体领导下共同进行经营活动,集中管理程度高,通过分散经营单位,将成功经验进行复制。对于资金雄厚的百货商可以直接在县城、集镇建立直营店,对于资金紧张的百货商,可采取国际零售巨头沃尔玛初期发展的经验选择租赁方式建店,在集镇、经济发达的村庄发展特许连锁。第二,充分利用供销社已有的系统和网络优势发展百货店。利用供销社系统发展农村百货连锁经营是最现实的方式,具有无法替代的优势,如供销社拥有遍布城乡、星罗棋布的经营网络;供销社系统,从全国总社、省社到县区级农村基层供销社梯度组织体系完备,另外,还拥有专业公司、专业合作社、村级综合服务站、批发市场等。这就为发展日用百货业的连锁经营提供了强有力的组织保证。此外,供销社系统还拥有一支熟悉"三农"的人员队伍,可以用较小的成本培训适应农村连锁经营的专门人才。第三,批、零一体化。通过资本联合、资本融通、销售协作为纽带,城市的百货零售商以批发的形式向农村零售企业延伸,完成多样化的配送,使商品的组合趋于合理,商品的流动更为有效。第四,协助培育一批农村商业人才。城市百货零售商在人力资源开发和人才培训等方面具有很大优势,并且拥有大批具有丰富商品知识与经营管理经验的员工,从而可以为农村百货连锁经营企业培训实用性强的商业人才,并在以后的发展中定期指导其经营。第五,加强商品知识的宣传。一般的日用消费品,以海报、宣传画、产品介绍与使用说明等多种形式进行宣传;对于如家电、摩托车之类的耐用消费品,则应提供使用知识(驾驶技术)的培训与指导服务。

(二)服务行业规划与建设

农村服务行业主要包括农村旅游业、农村金融服务业、农村信息咨询服务业和各类技术服务业。

1.农村旅游业

乡村旅游作为一种特殊的旅游形式,其在规划中特别是在空间组织规划方面与一般旅游区有许多不同。

乡村旅游发展要依托一定的空间组织,这一空间组织是一个由乡村旅游资源、乡村旅游服务机构、旅游交通系统等相互作用形成的区域。按旅游产业构成,可以将乡村旅游空间组织划分为乡村旅游资源空间子系统和客源市场空间子系统。前者包括乡村旅游资源、乡村旅游酒店资源、乡村旅游企业、交通设施及其空间布局等;后者包括本地市场、本国市场和国外市场三个部分。

关于乡村旅游区域空间组织演变阶段,加拿大学者 Bulter R. W. 提出了较为完善的旅游地生命周期模型,他把旅游地生命周期分为主要五个阶段：探查阶段、参与阶段、发展阶段、巩固阶段、停滞阶段。乡村旅游区域空间成长过程同样适用。

（1）在探查阶段，乡村旅游空间混杂无序，只有零星的"农家乐"形式旅游点，基础接待设施较少，而且规模和档次都达不到要求，服务设施基本没有，只有少量游客自发旅游，国外市场份额基本为零。因此，这一阶段的乡村旅游空间较小。这个时期如果要发展乡村旅游，必须投入基础硬件设施，逐步提升软件条件，引导乡村旅游业良性发展。我国大部分乡村处于这一发展阶段。

（2）在参与阶段，乡村旅游发展是一种极点中心空间模式。随着政府逐渐重视，一些农户在政府号召下开始重视乡村旅游发展，区内客源市场逐渐固定，国内客源市场开始缓慢增长，国际客源市场也开始启动。这一阶段主要通过增强节点的聚集能力和扩散效应，形成乡村旅游增长极。我国已有部分乡村处于这一发展阶段。

（3）在发展阶段，乡村旅游是一种点轴分区的空间发展模式。此时，乡村旅游区域知名度明显提升，旅游区开始实施整体宣传和营销，服务设施以及酒店数量和档次迅速提升，三大客源市场都迅速增长并达到最大。这一阶段主要通过培育乡村旅游精品，形成乡村旅游开发的增长轴线。我国已有部分乡村处于这一发展阶段。

（4）在巩固阶段，乡村旅游发展是一种网络竞争空间模式。此时，乡村旅游区知名度和美誉度达到高峰，酒店以及服务设施拓展速度放慢，旅行社经营乡村旅游的业务也达到饱和并增长缓慢，三大客源市场增长速度开始变慢。因此，这一阶段主要通过空间的合理分区来形成全方位、开放性乡村旅游结构。我国几个旅游业发展比较好的乡村处于这一发展阶段。

（5）在停滞阶段，乡村旅游发展是一种圈层集群空间模式。此时，出现酒店、服务设施和旅游服务企业过剩，三大客源市场开始萎缩，企业竞争加剧，各旅游区之间的空间竞争与合作进一步得到加强。中国还没有这一类型。

在乡村旅游空间组织规划方面，地理学认为，区域空间组织的基本要素包括点、线、网络、域面和流。其中,"流"包括人流、物流、信息流、资金流。乡村旅游空间组织也就是由以上五个从低级到高级的要素构成的完整区域。点,要因地制宜,打造特色旅游项目。乡村旅游区"点"规划内容是通过乡村旅游区内某一个或者几个景点或者项目来带动整个区域的发展。线,要科学合理。"线"的规划是指区域内景点与景点之间的重要通道、系统和组织,通过通道将单个景点进行合理的组合,形成动静结合、内容丰富的线路组合。网,要集中整合,合理功能分区。乡村旅游区"网"规划的主要任务,是将"点"和"线"构成的乡村旅游区进行合理功能分区,形成乡村旅游网。面,要综合协调,优化空间布局。乡村旅游区"面"规划主要是通过整体空间优化布局达到区域整体发展。旅游发展空间布局是要充分发挥区域内不同地域之间的功能导向,实现其功能定位的最优组合。确定旅游业总体布局与功能分区需综合考虑下列原则:地域性原则、全局性原则、综合性原则。流,要区域联动,搭建市场平台。在乡村旅游发展初始阶段,一般以近郊旅游为主。而到乡村旅游发展壮大阶段时,乡村旅游客源构成则趋向多元。如今,全球化进程加快,乡村旅游国际化也随之加快,乡村旅游区"流"的规划也就开始由近及远,逐步从近郊扩展到国际化市场。

2.农村金融服务业

农村经济发展遇到"瓶颈"的重要原因就是农村金融对"三农"的支持乏力。因此迫切需要重构农村金融体系,为"三农"发展提供更加有效的金融服务。具体主要从以下几方面入手:第一,在政策上加大对"三农"的金融支持力度。农业发展银行应当健全和完善政策性金融功能,加大对农村综合开发、开设农村基本建设和扶贫等贷款业务,把农村基础设施建设、农业产业化等纳入支持范围。第二,发挥商业银行的金融支持作用。商业银行应该自主地对农村有市场、有效益的项目进行支持,鼓励参与一些投资大、周期长的农业基础设施建设,加快农村金融产品的开发。第三,继续深化对农村信用社的改革,使农村信用社真正立足为"三农"服务的市场定位,加大对建设社会主义新农村的金融支持力度。第四,发展多种类型的农村金融机构,尤其是要规范和引导民间融资。同时要抓住国家放宽农村地区银行业金融机构准入政策的契机,积极创造条件,鼓励各类资本设立为当地农户提供金融服务的村镇银行。另外,还要依据《农村合作经济组织法》对遍布农村的各类农村合作经济组织加以规范和完善。第五,建立完善的农村利率定价机制。第六,大力发展农业保险,提高农业抗风险能力。例如,建立县一级具有法人地位、以合作保险为主体的农业保险组织体系;组建政策性农业保险公司等。第七,加大财政对农村金融的扶持。例如,放宽农村地区银行业金融机构准入条件,降低或取消农村金融机构税收,建立农业贷款贴息制度,对农村金融机构吸收的储蓄存款免缴利息所得税,建立信贷担保基金等。第八,建立、健全的农村金融法律体系,为支持新农村建设提供法律保障,为农村金融体系的运行创造一个良好的法制环境。

3.农村信息咨询服务业和各类技术服务业

发展农村信息服务业是为了使农民更加贴近市场和围绕市场需求而调整生产结构。我国以"村村通电话工程"为中心,大力推进农业农村信息化,目前已取得阶段性成果。例如,"'十五'期间,有 5.28 万个行政村开通了电话,有 11 个省市实现了所有行政村通电话,全国通电话行政村比例达到 97.1%"[1]。广电总局也在全国范围内开展了"村村通广播电视"工程。许多省市政府主管部门动员社会力量,结合农民实际需求,组织建立了包括农业技术、政策法规、质量标准等内容的共享信息数据库,为广大农民提供信息服务。从目前来看,我国大部分农村地区设立了众多的农业信息采集渠道和信息采集点,但是仍存在诸多问题,如布

---

① 朱朝枝.农村发展规划(第 2 版).北京:中国农业出版社,2009:204.

点不尽规范,标准不够统一等。对此,应该要注意整合农村市场信息资源,同时要建立农村市场信息分析预测系统和农村市场信息大型数据库。

技术服务业如农机服务业发展迅速。如今,农机化已经成为农民增收的一个重要渠道。农机服务业发展趋势、目标和方向呈现出以下几个特点:第一,农机服务业向信息化发展,因此要加强信息基础设施建设工作,构建一个农机服务业的操作平台,让更多的农户掌握更多的农机技术信息。第二,围绕农业生产的需要,推动服务网点向镇村基层延伸。尤其是要建立农机服务和技术保障的平台,建立服务推广示范基地,并要在各示范基地设立专业、专门的区域性分中心,细化、深化服务组织。第三,密切配合农业产业结构调整,不断创新农机推广服务形式。农业产业结构的调整,必然要对农业机械化推广服务工作提出新的要求,因此农机服务组织也就要因地制宜,采取多种形式开展推广服务工作,以新技术和先进装备支持特色农业的发展。第四,大力拓展服务范围,整合资源,充分发挥辐射作用。服务组织在做好本地农机服务的基础上,可以发挥协调有力、技术装备好等方面的优势,组织到外省、市开展跨区市场调研,不断拓展服务半径。

第六章 乡村建设规划

随着我国经济社会的不断发展和全面建设小康社会的不断推进,乡村居民对改善其生活环境的需求越来越迫切。新时期乡村的建设规划应该立足当前乡村的实际发展状况,具体问题具体分析,为乡村居民建造既宜居又便利的居住环境。本章就乡村建设规划问题从乡村居民点的规划与设计、乡村基础设施的规划与建设、乡村历史文化保护规划与建设和乡村防灾减灾规划与建设四个方面进行分析研究。

第一节 乡村居民点规划与设计

乡村居民点是乡村人口聚集的场所,是乡村剩余劳动力的"存储库",对其进行合理有效的规划与设计有利于推动农业的"两个转化",有利于促进城乡协调发展。加强乡村居民点建设,有利于逐步缩小城乡差距,而合理规划乡村居民点是一项具有战略意义的工作。

一、居住区的规划与设计

居住区的功能是为居民提供居住生活环境,所以居住区的规划设计要将居民的基本生活需要当作出发点,为居民创造一个方便而又舒适的生活环境。

（一）居民区规划与设计的基本要求

居民区的规划与设计,不仅要追求实用,还要追求美观。

(1)实用要求。规划设计的目的就是为居民服务,提供一个让其生活更为方便舒适的居住环境。应根据各个家庭不同的人口构成和每个地方的气候特点,选择最适宜的住宅类型。要特别注意由于年龄、地区、民族、职业、生活习惯等不同造成的生活和活动内容的不同。

除此之外,还应从日照、朝向、通风、噪声干扰以及各种污染等方面多加考虑和权衡,避开会对居民的人身和财产产生威胁及危害的地区。

(2)美观要求。一个理想的居住环境的形成关键在于不同建筑群体的组合,而不是单体建筑设计。居住环境应该被当作一个有机的整体来进行规划设计。居民区的规划设计除了要考虑营造比较浓厚的生活气息外,同时还要把打造欣欣向荣、朝气蓬勃的新时代面貌当成一个重要的部分。因此,在规划设计居住区时,应该将居住区和道路、绿化等因素结合起来,运用规划、建筑以及园林等,打造立体的、丰富的、多层次的建筑空间,为居民创造舒适、方便、美丽、生机勃勃的生活环境,充分展现充满魅力的乡村风貌。

（二）居民点住宅组团布置的主要形式

住宅组团是构成居民点的基本单位。一般情况下,居民点是由若干个住宅组团和公共服务设施配合形成的,然后几个居民点再配合公共服务设施构成住宅区。所以,住宅单体设计和住宅组团布置的关系是既相互协调又相互制约。

住宅组团布置的主要形式有行列式、周边式、点群式、院落式和混合式。行列式是指住宅建筑有规律性的成排成行的布置,简单整齐。周边式指的是住宅建筑形成近乎封闭的形式,空间领域性强。点群式是指低层庭院式住宅围绕某一公共建筑布置,从而形成相对独立的群体布置方式。院落式是一种比较有创意的布置形式,是低层住户将几户人家联排起来组织成方便管理的院落。混合式就是将以上四种布置方式科学地结合起来。

（三）居民点住宅群体的组合方式

住宅群体的组合方式主要有两种:第一种是成组成团的组合方式,这种组合方式是由成规模的住宅形成的组合,它既可以是同一类型同一层数的住宅配合而成,也可以是不同类型不同层数住宅的组成。第二种是成街成坊的组合方式,成街是指住宅沿街形成带状的空间,成坊则是把住宅当成一个整体的布置方式,成街是成坊组合中的一部分,二者相辅相成。

二、公共建筑的规划与设计

居民点作为居民日常生活的场所,住宅区只是最基本的存在,要想让居民点的居民甚至是居民点周围的居民享受更加便捷的服务,公共建筑是必不可少的。

（一）公共建筑的类型

居民点公共建筑主要有两大类:社会公益型和社会民助型。社会公益型公共建筑包括行政管理机构、教育机构、文体科技机构、医疗保健机构、商业金融机构,还有集贸市场。其主要为居民点自身的居民服务,同时对周围的居民也有一定的服务价值。社会民助型是多种经济成分应市场需求而兴建的与居民点自身居民生活密切相关的服务行业,比如日用百货、粮油店、综合商店等。这两种公共建筑的类型具有明显的区别,社会公益型公共建筑是要承担一定的社会责任,一般由政府部门管理,稳定性较强。而社会民助型公共建筑主要是由市场需求决定其存在与否,具有相对的不稳定性。

（二）公共建筑的配置

公共建筑的配置规模受到多种因素的影响。首先,与其服务的人口规模有关,服务的人口规模越大,其配置的规模也就越大。其次,与城市和镇区的距离也对公共建筑的配置规模有影响,一般来讲,距离城市镇区越远,配置规模就要越大。最后,在产业结构偏向第二、三产业经济发展水平较多的地区,公共建筑的配置规模相应的就越大。所以居民点公共建筑的配置规模要结合不同乡村的具体情况来进行不同的配置。

公共建筑的几种配置形式为带状式步行街、环广场庭院式布局和点群自由式布局。带状式步行街适用于经济发达、对周围居民有购物吸引力的居民点;环广场庭院式布局适用于有大型空地且广场位于乡村的居民点中心;点群自由式布局难以形成具体的规模,所以除特定的环境条件外,一般情况下不多采用。

三、居民点绿地的规划与设计

绿化不仅能够调节气候、保护美化环境,而且可以结合生产,创造经济效益。居民点的绿地系统一般由公共绿地、专用绿地、家庭绿地和道路绿地等构成。

(一)绿地规划设计的基本要求和基本方法

1.绿地规划设计的基本要求

(1)从居民对绿地的切实使用要求出发,遵循集中与分散结合、点线面相结合的原则,力求使绿化系统完整且统一,同时也要考虑到和乡村整体的绿化系统的协调。

(2)从节省建设投资的角度出发,要依托有利的地形条件,尽可能地在自然条件相对较差的地方进行绿化,而对原有的合理的绿地予以保留,必要的时候可以加以改造。

(3)从绿化品种来看,在既能满足使用功能也能改善居民居住环境的条件下,应该选择便于管理、成本低但是存活率高的植物。

2.绿地规划设计的基本方法

(1)要使绿地系统内的各个部分有机地结合起来,除了点线面相结合的原则之外,还要将平面绿化和立体绿化相结合。

(2)绿化不是一个单独的系统,在居民点内,应与原有水系相呼应,充分利用水源条件,布置适宜的景观。

(3)绿化也应与经济作物绿化相结合,在宅院和庭院的绿化就可以种植一些瓜果蔬菜,作为观赏性植物的点缀。

(二)绿地的树种和植物选择

绿化并非简单地将绿色植物布置在相应的位置,除了绿化地带的科学选择的系统配置,绿化植物的选择也非常重要。

(1)因为居民点的绿化属于覆盖面积大且较为普遍的绿化,所以应该选择容易打理、易存活生长、适宜当地气候的植物。

(2)要考虑不同的场所不同的功能需要,比如,在道路两旁应选择栽种树荫较大能有效遮阳的阔叶乔木,在儿童和青少年频繁活动的场所应该避免栽种有毒或者有危险性的植物等。

(3)在新建的居民点,要以能够快速生长的植物为主,以慢速生长的植物为辅来快速地形成居民点的绿化面貌。

四、环境小品的规划与设计

环境小品是居民点整体环境的重要组成部分,对居民的生活体验和环境体验具有不可替代的作用。根据其不同的使用性质,环境小品可以划分为建筑小品、装饰小品、公共设施小品、铺地等,囊括了生活休闲的各个方面。环境小品的合理规划和设计有利于提高居民的生活质量。

(一)环境小品规划设计的基本要求

居民点环境小品的规划设计应该符合居民点整体环境的设

计要求和构想,与其他各个部分相辅相成,综合考虑,既保持自己的独特性,又可以完美地融合于整体环境之中而不显突兀。另外,居民点环境小品还要考虑实用性、艺术性、趣味性和地方性。

(二)环境小品的规划设计

休闲的亭子长廊一般与公共绿地结合布置,主要用途是供居民休息和纳凉。关于具有商业性质的建筑小品如售货亭和商店多布置在公共商业服务中心。

对居住环境发挥美化作用的装饰小品大多布置在人流量较为集中的活动中心地段,喷泉、雕塑和壁画等都有一定的美感和艺术表现力,一般可以成为居民点的主要标志。

垃圾箱和公共厕所这类以实用功能为主的公共设施小品,为了使其与整体环境的风格有所统一,就要在保证满足实用需求的基础上,对其外观进行精心设计,造型应力求美观大方。

第二节　乡村基础设施规划与建设

基础设施的主要内容包括供水、排水、道路、电力、电信、燃气等。乡村基础设施是建设新时期乡村最重要最牢固的基础,是乡村得以继续存在、持续发展的坚实支撑,是衡量经济社会发展的一个重要指标。加强乡村基础设施的规划和建设,有利于促进新时期乡村的快速发展,有利于改善居民的生活条件。

一、乡村供水工程的规划与建设

(一)水源选择和用地要求

水源选择的首要条件是水质和水量。水源的水量必须是充沛的,河流的取水量不应大于河流枯水期的可取水量,地下水源的取水量不应大于可开采储量。

供给居民生活饮用水,最重要的是安全健康,所以一定要选择水质较好的水源,这样还有利于简化处理水的工序,降低成本。按照开采和卫生条件,选择地下水源时,一般顺序是泉水优于承压水,承压水优于潜水。

根据不同村庄的地形布局,按照实际情况合理地安排供水水源,要全面考虑,统筹安排,要最大限度、合理地综合利用各种水源。

(二)水厂的建设

水厂的平面布置应符合"流程合理、管理方便、因地制宜、布局紧凑"的原则。因为乡村水厂一般采用压力供水的方式,所以比较节约用地,但是在规划水厂用地面积的时候,应该参照水厂规模和生产工艺,用地指标应符合表 6-1 的规定。

表 6-1 水厂用地控制指标

投资规模/万元	地表水水厂/ $[\text{m}^2/(\text{m}^3 \cdot \text{d})]$	地下水水厂/ $[\text{m}^2/(\text{m}^3 \cdot \text{d})]$
5~10	0.7~0.5	0.4~0.3
10~30	0.5~0.3	0.3~0.2
30~50	0.3~0.1	0.2~0.08

(三)水源的保护

随着经济的快速发展,用水量会逐渐增加,水污染也会有所加剧,接着会出现水源水量减少和水质恶化的情况。所以,对水源进行保护是非常必要的。第一,应该对水资源量进行正确的评估,对水资源进行合理的分配,在保障生活用水和工业用水足够的基础上,也要考虑到农业用水。第二,科学开采水源,要有可持续发展的长远打算,开采水量绝对不能超过允许开采量。第三,优化产业结构,创新生产技术,减少废水和污水的排放。第四,从乡村规划全局出发,做好水土保持工作。

1.地表水源的卫生防护

水源的水质直接关系到居民的身体健康,尤其是饮用水水源的保护更要予以重视。水源的卫生防护有以下三点要求。

(1)取水点周围,半径100m的水域内,不允许捕捞、游泳和进行其他一切可能对水源产生污染的活动,并且应该设立显眼的提醒标志。

(2)取水点上游100m至下游100m的水域,禁止排放一切污染物,不得从事有可能对该段水域水质产生污染的活动。

(3)在水源地区,应该保持良好的卫生状况,并充分绿化。

2.地下水源的卫生防护

对地下水源的卫生防护主要应该从该区域的具体环境卫生出发,建立合理有效的水源防护区。

(四)供水工程管网布置

选择好合适的水源并且建立好水厂之后,就要进行输配水工程的管网布置,保证能够将充足优质的水输送到各个用水点。

1.供水管网布置的基本要求

(1)作为乡村规划的一部分,供水管网的布置一定要符合整体规划的要求,并且考虑到供水的长期性,应该留有足够的余地。

(2)管网的布置应该能够保证所有的用户都能够有充足的水量和水压,而且除了保证日常的供给之外,也要对意外发生的故障有及时有效的应对措施,不能中断供水。

(3)布置供水管网的时候应选择最优的线路,既保证供水便捷,又可以减少施工过程中遇到的困难。

2.供水管网布置的原则

(1)供水管应该与主要供水流向尽可能一致。

（2）布置管线时，为了节约成本和维护费用，应尽可能使管线短捷。

（3）充分利用地形的优势，干管要布置在地势较高的一侧保证用户的足够水压。

二、乡村排水工程的规划与建设

（一）乡村排水系统的建设

排水系统是指对生活污水、工业废水和降水采取的排除方式，一般分为分流制和合流制。

1.分流制排水系统

生活污水、工业废水和降水需要用到两个或者两个以上的排水管渠系统来汇集和输送时就要用到分流制排水系统。其中污水排除系统用来汇集生活污水和工业废水，雨水排除系统用来汇集和排泄降水，工业废水排除系统只排除工业废水。分流制排水系统又分为完全分流制和不完全分流制两种。

（1）完全分流制。完全分流制就是分别设置污水和雨水两个排水系统，污水管渠负责汇集生活污水和部分工业生产污水，并将其输送到污水处理厂，经过技术处理后进行排放。雨水管渠负责汇集雨水和部分工业生产污水，遵循就近原则将其排入水体。其适用于地势平坦、多雨且易造成积水的地区。

（2）不完全分流制。乡村中没有雨水管渠系统，只有污水管道系统，雨水的排放主要依靠有利的地形条件，其沿着地面在道路边沟和明渠排入天然水体。

2.合流制排水系统

不同于分流制排水系统，合流制排水系统是将生活污水、工业废水和降水全部集中到一个管渠，进行汇集运输。根据三种污水混合汇集后处置方式的不同,合流制排水系统可以分为以下三种。

(1)截流式合流制。这种系统将三种污水混合之后一起排向沿河的截流管道。晴天的时候所有的污水都要送到污水处理厂进行处理,雨天的时候因为雨量的增大会使混合污水量也随之增大,这时要将超出的污水通过溢流排入水体。

(2)全处理合流制。这种系统要将所有的混合废水全部输送到污水处理厂进行处理后再排入水体,这是一种最环保的方式,可以很大程度上防止水体污染,保护环境卫生,但是相应的成本投入也会很大。

(3)直泄式合流制。混合的污水没有经过处理,分若干排除口就近向坡向水体排入,这是一种容易造成水体和环境污染的形式。

(二)污水管道的平面形式

在规划新时期乡村污水管道的时候,先要在总平面图上进行管道系统的平面设计,主要包括确定排水区的界限、排水流域的划分、污水处理厂和出水口位置的选择以及污水干管的路线拟定等。污水管道的平面布置,主要是确定主干管和支管的走向及位置。

1.主干管的设置

地形、污水处理厂的位置、土壤条件、河流情况以及其他管线的布置因素都会影响到排水管网的布置。根据地形排水管网可分为平行式和正交式两种。

(1)平行式布置是要让污水干管与地形等高线平行,而主干管则与地形等高线正交,这种形式在地形坡度较大的乡村优势比较明显,可以减少主管道的埋深和改善管道的水力条件。

(2)正交式布置常出现在地势与水体呈倾斜状态的地区,主干管铺设在排水区的最低处,与地形等高线平行,干管则与地形等高线正交。

2.支管的设置

乡村地形和建筑规划是污水支管布置形式的主要决定因素，污水支管一般布置成围坊式、穿坊式和低边式。

围坊式污水支管是沿街坊四周布置，这种布置形式在地势平坦并且面积较大的大型街坊比较常见。

穿坊式污水支管的布置是让污水支管穿越街坊，街坊四周就不再设污水管，其优点是管线较短和工程造价较低，但是管道的维护管理比较困难。

低边式污水支管是一种应用比较广泛的方式，是将污水支管布置在街坊地势相对较低的一边，管线布置比较短捷。

（三）污水处理厂的位置规划

污水处理厂的设立是为了对生产或生活污水进行处理，使其达到可排放的标准。污水处理厂应该布置在乡村排水系统下游方向的最末端，其在选址时应遵循的原则有：第一，污水处理厂应设在地势低洼之处，这是为了使污水可以自流进入处理厂，还应靠近河道等便于排出污水的地方。第二，污水处理厂的选址应充分考虑环境卫生的要求，与居民区和公共建筑保持一定的距离，且必须位于集中给水水源的下游以及夏季主导风向的下方。第三，污水处理厂的选址应尽量避免占用农田，应该全面长远地考虑到乡村以后的发展。第四，良好的地质条件也是污水处理厂选址时需要考虑的因素，选址的地质条件要满足建造建筑物的要求。第五，如果乡村当前不具备建设污水处理厂的经济条件，则居民可以自行采用地埋式污水处理设备处理污水。

三、乡村电力工程的规划与建设

电力是乡村经济发展中最重要的基础之一，是乡村工农业生产、生活的主要动力和不可缺少的能源。乡村供电工程的规划与建设是乡村总体规划的一个重要部分。

（一）乡村电力工程规划内容与电力网的建设

乡村电力工程规划是乡村规划的重要内容，其主要内容包括：确定乡村电源容量及供电量，电压等级的确定，发电厂、变电厂、配电所的位置、容量和数量的确定，供电电源、变电所、配电所及高压线路的乡村电网平面图，电力网的敷设等。

电力网的敷设按照结构的不同分为架空线路和地下电缆两种。无论选择哪一种线路，都应该遵循线路走向短捷、运输便利的原则，还应避开不良的地形、地质，保证居民及建筑物的安全，注意与其他功能管线之间的关系。

确定高压线路走向的原则是：线路的走向应短捷，不得穿越乡村中心地区，线路路径应保证安全；尽量减少线路转弯次数，线路走廊不应设在易被洪水淹没的地方，应尽量远离空气污浊易被污染的地方，以免影响线路的绝缘，发生短路事故等。

（二）变电所的位置规划

变电所的选址对以后的投资数量、效果、节约能源的效用及发展空间有决定性的作用。变电所选址要满足的要求有：便于各级电压线路的引入和引出；交通便利，便于装运变压器等设备；尽量不占或少占耕地，要选择地质条件好、不易发生自然灾害的地方；应该满足自然通风的要求，还应尽量避开容易出现污染的场所。

四、乡村电信工程的规划与建设

乡村电信工程包括电信系统、广播和有线电视及宽带系统等。电信工程规划是新时期乡村总体规划的重要组成部分，包括通信线路的布置和广播电视系统的规划。

（一）通信线路的布置

电信系统的通信线路分为有线和无线两种，无线通信主要采取电磁波的形式传播，有线通信则通过电缆线路和光缆线路传播。一般来讲，通信电缆线路的布置要求有：电缆线路应尽量短捷，选择比较永久的道路敷设；电缆线路应符合新时期乡村发展的总体规划，为使电缆线路可以长期安全稳定地使用，应与城市建设有关部门的规定相一致；对于扩建和改建的工程，应首先考虑合理地利用原有的线路设备，尽量减少不必要的拆移；应选择拥有良好地质条件的地区敷设；应充分考虑到未来调整、扩建的可能，留有必要的发展变化余地。

（二）广播电视系统的规划

广播电视系统是新时期乡村广泛使用的信息传播工具，在传播信息、丰富广大居民的精神文化生活方面起着十分重要的作用。广播电视也分为有线和无线两种，有线电视和数字电视已成为乡村居民获得高质量电视信号的主要途径。

除此之外，随着计算机互联网的飞速发展，网络给当代社会和经济生活带来了日新月异的变化，当然对新时期的农村也不例外。虽然在一些地区计算机网络尚未实现普及，但是随着网络技术和网络设施的不断完善，计算机网络也一定会在乡村的日常生活和各行各业中扮演着举足轻重的角色，所以在规划乡村电信工程的时候，应该对网络的发展给予应有的重视并且为其留下充足的发展空间。

有线电视与有线电话同属弱电系统，其线路布置的原则和要求与电信线路基本相同，所以在规划时，可参考电信线路的设置与布局。

五、乡村燃气工程的规划与建设

乡村燃气供应系统是供应乡村居民生活、公共福利事业和部分生产使用燃气的工程设施,是新时期乡村规划的一项重要基础设施。

(一)燃气管网的布置

燃气管网的合理布置是为了安全可靠地为各类用户提供有正常压力且数量足够的燃气。布置燃气管网首先要考虑的是使用上的要求,在满足使用要求的同时要尽量地缩短线路的长度,降低成本。

乡村中的燃气管道一般都为地下敷设,它的布置遵循的原则是全面规划,远近期结合并以近期为主。燃气管网的布置应该按照压力从高到低的顺序进行,同时也要考虑下列问题。

(1)燃气干管应该在靠近大型用户的地方设置,以保证燃气供应的可靠性,主要干线应渐渐连成环状。

(2)燃气管道应尽量少穿公路铁路和其他大型的建筑物。

(3)管道的埋设方法采用直埋敷设。但在敷设时,应尽量避开乡村的主要交通干道和繁华的街道,以免给施工和运行管理带来困难。

(4)燃气管道不能敷设在建筑物的下面,也不能与其他的管线平行地上下重叠,更不能在高压线走廊、动力和照明电缆沟道、各类机械化设备和成品及半成品堆放场地、易燃易爆和具有腐蚀性液体的堆放场地敷设。

(5)管线建成后,应在其中心线两侧划分输气管线防护地带。

(二)燃气厂的位置规划

燃气厂在选择厂址的时候,首先要从乡村的总体规划和气源的合理布局出发,同时也要从对生产生活有利、保护环境和运输方便等方面着眼。具体要求如下。

(1)气源厂址的确定,必须征得当地规划部门、土地管理部门、环境保护部门、建设主管部门的同意和批准,然后尽量利用非耕地或者产量较低的耕地。

（2）气源厂在满足了环境保护和安全防火的要求条件后,应选择靠近铁路、公路或水路运输方便的地方。

（3）厂址选择必须符合建筑防火规范的有关规定,应位于乡村的下风方向,标高应高出历年最高洪水位 0.5m 以上,土壤的耐压一般不低于 15t/m,并应避开油库、桥梁、铁路枢纽站等重要战略目标,尽量选在运输、动力、机修等方面有协作可能的地区。

需要注意的是,为了减少污染,保护乡村环境,应留出必要的卫生防护地带。

六、乡村道路的规划与建设

乡村道路是指具有一定条件的道路、桥梁及其附属设施,主要功能是供车辆和行人通行。对乡村道路进行规划和建设,要根据乡村用地的功能、交通流量的流向,并且结合本地的自然条件。安全、适用、环保、经久耐用和经济是乡村道路及交通设施规划建设应遵循的原则。

（一）道路分类

按照主要功能和使用特点,乡村范围内的道路可以划分为村内道路和农田道路。村内道路是连接主要中心镇及乡村中各组成部分的联系网络,是道路系统的骨架和交通动脉。村内道路按国家的相关标准划分为主干道、干道、支路三个道路等级。农田道路是连接村庄与农田、农田与农田之间的道路网络系统,主要应满足农民、农业生产机械进入农田从事农事活动,以及农产品的运输活动。

（二）道路系统规划

规划乡村道路系统时,所有的道路都应该分工明确,主次清晰,目的是组成一个合理高效的交通体系。具体要求如下。

1.满足安全

道路的规划是为了让居民的生活更加便利,而安全是首要的要求。汽车专用的公路和一般公路的二三级公路最好不要从乡村的内部中心穿过;连接货运的道路不能穿越村庄的公共中心地段;设于文化娱乐、商业服务等比较大型的公共建筑前的路段应该将人流集散场地、绿地和停车场规划进去,停车场的面积也要按不同的交通工具进行划分确定。

2.灵活运用地形条件,合理规划道路网走向

道路网规划指的是在交通规划的基础上,对道路网的干、支道路的路线位置、技术等级、投资效益和实现期限的测算等的系统规划工作。在规划道路网走向的时候,要灵活地运用地理条件,以方便快捷、减少成本、节省资源、保护环境为原则。

3.科学规划道路网的形式

在规划道路网的时候,道路网节点上相交的道路条数最好不要超过 5 条,道路垂直相交的最小夹角不能小于 45 度,道路网的形式一般有方格式、自由式、放射式和混合式。

(三)交通设施规划

乡村道路设施及其附属设施构成了乡村的交通设施,它的内容主要包括路肩、边沟、路边石、绿化隔离带等。道路的附属设施包括信号灯、交通标志牌和公交车站等。规划建设这些设施,是为了保证乡村交通的安全畅通和行人的生命安全。

交通设施要有实用性、美观性、合理性和可靠性,根据不同乡村的地方特色还应考虑和当地的自然风景相结合,交通设施应与交通路线相互配合,不能对交通路线造成阻碍。在旅游资源丰富的乡村,应该重点突出步行景观道路的作用,设计步行景观道路时,从使用的材质到色彩都应该与当地的环境相称。景观路面应

选用不规则的鹅卵石等铺地砖,不仅有利于雨水的回渗,也更方便行人观赏的需要。

(四)居民点道路的规划与设计

随着乡村之间经济、政治、文化等各个方面交流的日益频繁,道路在其中扮演着越来越重要的角色,所以乡村居民点的道路规划也日趋重要。

1.居民点的道路系统及其基本形式

按照道路的使用功能和主要特点,居民点的道路系统分为小区级道路、组群级道路和宅前路。小区级道路是连接居民点主要出入口的道路,人流量大,交通运输也比较密集。组群级道路是保障各组群之间能够顺畅沟通的道路,重点是为消防车、救护车、搬家车服务,主要意义在于能够做到安全快捷地对行人和车辆进行分散和集中。宅前路是连接进入住宅区各住户的道路,通过的大部分是行人,有少量的住户小汽车和摩托车也应予以考虑。

居民点道路系统的形式要依据地形、周围的交通环境和其他一些因素进行综合考虑,形式和构图都要切实有用。居民点道路系统的基本形式有环通式、尽端式和混合式,三种形式各有针对的具体环境,应根据其特点灵活应用。

2.车行道和人行道的设置

车行道和人行道既可以并行设置,也可以独立设置,要根据现实情况来选择。

(1)车行道和人行道并行设置。

第一,人行道与车行道小落差布置,高差在 30cm 以下,这样的优点是可以方便行人上下车。缺点是,遇到大雨天气时,积水迅速,排水慢。

第二,人行道和车行道大落差布置,高差在 30cm 以上,间隔适当距离的位置设梯步将人行道和车行道联系起来。这种布置方式的优点是巧妙地利用自然地形,减少了土石方量,从而降低了建设成本,并且有利于雨季排水。缺点是,因为落差有点大使得行人上下车较为不便。

第三,无专用人行道的人车混行路。这种布置方式已为各地居民点普遍使用,是一种常见的交通组织形式,比较简便、经济,但不利于管线的敷设和检修,车流、人流多时不太安全,主要适用于人口规模小的居民点的干路或人口规模较大的居民点支路。

(2)车行道和人行道分别单独布置。

这种独立布置的方式主要是尽可能地减少人行道和车行道的交汇,从而减少它们相互之间的干扰,并且道路交通系统应由车行系统和步行系统来组织。这种布置的直观缺陷是在车辆较多的居民点内比较不方便。

第一,步行系统。系统内的步行道多在各住宅组群之前及其与公共设施之间,无车辆环境,简捷随意,安全自由,对于人们购物和休闲来说非常方便。

第二,车行系统。系统内的道路断面不设人行道,行人不允许进入,专为机动车和非机动车通行,自成独立的路网系统。如有人行道跨越时,为确保行人的人身安全,需要采用信号装置或者其他的管制手段。

第三节 乡村历史文化保护规划与建设

乡村历史文化是乡村发展的一种独特的资源,将乡村历史文化保护纳入乡村规划建设将有利于提高乡村社会、经济、环境的综合效益,对乡村健康持续的发展具有重要意义。其中,建筑是构成历史文化的基本要素之一,是乡村传统文化保护中最基本也是最重要的内容。

一、乡村历史文化保护规划

历史文化资源是记载历史信息的载体,对具有历史价值的乡村必须重点保存并加以保护,具体措施如下。

(1)明确保护的要求。新时期乡村的规划建设并不完全是要对乡村进行全面的重新规划,有些方面需要重新规划,但是有的方面只需要进行整治就可以。在乡村规划建设时,主要把规划改造跟保护文化资源有机地结合起来,最大限度地挖掘和弘扬历史文化、体现文化底蕴,特别是要保护乡村内的文化古迹、传统建筑、古树名木和名胜风景。

(2)对历史文化资源展开调查。县、乡两级政府要认真地对各地乡村内的历史文化古迹进行普查,将其所在地点、所处位置、特色风貌、价值和现状调查清楚并进行评估,对于具有保护价值的重点院落和单体建筑需要登记造册,并且由县人民政府挂牌公示,列为重点保护文物。

(3)严格保护措施。被列入县级政府挂牌保护的重点文物,要划分它的保护范围和建筑控制地带,并且要有相应的管理规定,安排工作人员进行实际管理。在乡村建设中,任何单位和个人不能对建筑进行随意拆除,新建建筑必须委派专业人员进行现场勘查,确定不会对文物的空间布局和整体风貌产生不良影响后才能批准建设,这是为了保护乡村历史文化资源免遭破坏。

二、乡村传统建筑保护规划

建筑是构成乡村的基本要素之一,是乡村历史文化保护中最基本且最重要的内容。在传统建筑的保护工作中,不仅要注意地面上存在的可见的文物,还要注意埋藏在地下未经发掘的文物和遗迹;既要注意古代的文物,也要注意近代比较有代表性的建筑以及革命的、历史的、文化的纪念地和纪念物;既要注意已经定级的文物保护单位,又要注意有重要价值却尚未定级的文化古迹。应在普查的基础上对它们进行定级,经过普查和论证无法保存原物的,可以通过采取标志或资料存档的方式对它们进行妥善的处理。乡村传统建筑保护中应遵循如下原则。

(1)应严格贯彻《文物保护法》等相关法规,在此基础上尽可能地继承和发扬当地的建筑文化传统,进而体现地方的个性和特色,打造属于自己的乡村风格。

(2)尊重历史的完整性和真实性原则,对传统建筑、道路还有水系、街道进行规划和维修的时候要修旧如旧,并且在尽可能地保留传统建筑原来面貌的基础上处理好古建筑和现代民宅的和谐问题。

(3)人与自然和谐的原则。新时期乡村的建设中要避免破坏传统选址的生态环境,与此同时,要使传统建筑的整体气质格局和当地的历史文化相协调。

(4)保护与利用相统一的原则。对传统建筑的保护是为了永续的利用,传统建筑的保护面向的主要是可持续发展的旅游业,要能帮助本地区发展高质量有特点的旅游产业。

(5)合理整合资源的原则。有些传统古建筑的现存情况并不乐观,有的已经濒危,还有一些乡风民俗、传统工艺、民间艺术也面临同样的命运,所以要对它们采取"抢救式"的措施,抓紧时间,积极保护。对于那些相对集中或者较为分散的资源要分别采取不同的方法和措施加以保护。

(6)统筹规划与因地制宜相结合的原则。对传统建筑的保护和利用要与乡村规划建设结合起来,统筹考虑,在不破坏传统建筑原貌的情况下,因地制宜,针对不同的情况采取不同的措施,使新时期的乡村建设和传统建筑的保护工作相互协调,相得益彰。

第四节　乡村防灾减灾规划与建设

乡村防灾减灾的规划与建设是为了减少居民的损失和保护

居民的财产以及人身安全。乡村防灾减灾规划应根据县域或地区规划的统一部署进行,其包含防洪、消防、防震减灾等。

一、乡村防洪规划

(一)乡村防洪规划要求

在靠近江河湖泊的乡村,生产和生活经常受到水位上涨的威胁和困扰,因此需要把乡村防洪作为一项规划内容。乡村防洪规划应该符合以下要求。

(1)乡村防洪规划需要跟诸如水土保持、农田水利等规划结合起来,共同整治河道,修建堤坝和滞洪区等防洪措施工程。

(2)根据不同的洪灾类型,乡村防洪规划应该选用不同的防洪标准和措施,然后建设比较完整的系统的防洪体系。

(3)在乡村修建围埝、安全台、避水台等就地避洪安全设施的时候,应该避开分洪口、主洪顶冲以及深水区,其安全超高需要符合相应的规定。

(4)在乡村的建筑或工程设施内设置安全层或者建造其他的避洪防洪设施的时候,应该依据避洪人员的数量进行统一的规划,并且规划要符合国家现行标准的相关规定。

(5)防洪规划应该设置相应的洪灾救援系统,包括应急散点、医疗救护、物资储备和报警装置等设施。在容易受到内涝灾害的乡村,其排涝工程与乡村排水系统应该统一规划。

除此之外,应该注意的是,在人口比较密集或者乡镇企业比较发达、农作物产量比较高的乡村防护区,其防洪标准应比正常标准要高;在地广人稀或者灾害不会造成很大损失的乡村防护区,其防洪标准可以适当地降低一点。

(二)防洪工程措施

制定乡村防洪规划,应与当地河流流域规划、农田水利规划、水土保持及植树造林规划等结合起来统一考虑。一般有以下四项工程措施。

1. 修筑防洪堤岸

当乡村用地范围的标准高度普遍都比洪水水位低的时候,需要按照防洪标准来确定修筑防洪堤的高度。处于汛期的时候大多用水泵将堤内积水排出,排水泵房和积水池应该修建在堤内最低的地方,防洪堤外侧可以结合绿化工程,种植防浪林来保护堤岸。

2. 整治湖塘洼地

湖塘洼地对防洪泄洪的调节作用非常之大,乡村在进行总体规划的时候,可以对一些湖塘洼地加以保留和整治,或者用来做养殖场,或者略加填垫修整为绿化苗圃,还可以结合排水规划加以联通,这样可以扩大蓄纳洪水的容量。

3. 修整河道

在我国的北方地区,夏季降雨集中,雨量充沛,洪水虽然历时较短,但是洪峰较大,加上平时河道干涸、河床较浅、河滩又较宽,这些都对乡村用地和道路规划有不利的影响。在规划中应该对河道进行整治,修筑河堤来束流导引,将河滩变为村庄用地,将平坦的河床浚深来增加泄洪能力。

4. 修建截洪沟

位于山区的村庄往往会受到山洪暴发的威胁,在这种情况下,可以在乡村用地范围里靠山比较高的一侧顺应地形修建截洪沟,因势利导,把山洪引到乡村外的其他沟河或者引到乡村用地的下游方向使其排入附近的河流之中。

二、乡村消防规划

对乡村进行规划的时候，消防规划是必须制定的，它是用来杜绝火灾隐患，减少火灾损失，确保居民的生命及财产的安全。乡村消防规划主要包括消防给水、消防通道、消防通信和消防装备等公共消防设施。

（一）消防给水规划

消防给水规划应符合的要求有以下几点。

（1）在一些拥有给水管网条件的乡村里，管网的设置和消火栓的布置、水量、水压都应该符合国家现行标准有关消防给水的规定。

（2）在那些没有给水管网条件的乡村里，就需要把池塘、水渠、河流、湖泊等水源最大限度地利用起来，设置可靠的取水设施，因地制宜地规划消防给水设施。

（3）如果出现天然水源或者给水管网无法满足消防用水的情况，就需要设置一些消防水池，但是要特别注意在寒冷地区要对消防水池采取防冻措施。

（二）消防通道规划

消防通道之间应该保持不超过 160m 的距离，路面的宽度要大于 4m，当消防车通道上空出现障碍物跨越道路的时候，路面和障碍物之间的净高度要大于 4m。消防车道的回撤场地一般而言其面积不应小于 12m^2。

三、乡村防震减灾规划

我国是世界上地震灾害最为严重的国家之一，地震活动具有频率高、强度大、分布广的特点。而目前由于缺乏相应的法律法规,公众防震减灾意识淡薄以及缺乏必要的防震知识等原因,乡村抵御地震灾害的能力普遍较低,突出表现为乡村规划对地震灾害预防考虑不够、乡村建设中地震灾害预防难以落实、地震灾害应对准备不足,所以新时期乡村的规划应该将其考虑进去。

乡村抗震减灾规划主要包括建设用地评估、工程抗震、生命线工程和重要设施、防止地震次生灾害以及避震疏散等。建设用地评估,对处于抗震设防区的乡村进行规划时,应选择对抗震来说相对有利的地段,避开不利地段;当无法避开时,必须采取有效的抗震措施,并应符合国家现行标准的有关规定。严禁在危险地段规划居住建筑和其他人口密集区建设项目。在乡村规划中,应控制开发强度,使居住用地及生命线工程等避开危险区域;将抗震不利地段规划为道路、绿化地段等,因为它们对场地的要求不高,同时还可用作震时疏散场地。

(一)工程抗震规划

工程抗震规划主要包含的内容有:新建的建筑物和工程设施应该按照国家和地方现行的有关标准进行设防;对现有的建筑物和工程设施也要提出抗震加固、改建、翻建和迁移拆除的意见。不管是经济发展水平高还是经济发展水平低的地区,基础设施和公共建筑都应按照国家标准进行抗震设防,其他的建筑工程也应该采取相应的抗震措施。

(二)生命线工程和重要设施规划

生命线工程和重要的抗震设施是需要进行统筹规划的,生命线工程是指交通、通信、供水、供电、能源等,重要抗震设施是指消防、医疗和食品供应等重要设施。对这些工程除了要按照国家现行的标准进行抗震设防外,还有以下要求。

(1)道路、供水、供电等工程需要采用环网布置方式。

(2)村内人口密集的地段设置不少于4个出入口。

(3)抗震防灾指挥机构设置备用电源。

（三）次生灾害规划

对能够生产或者储存包括火灾、爆炸和溢出剧毒、细菌、放射物等次生灾害源的单位,应该采取相应的措施,对次生灾害严重的单位应将它迁出乡村和镇区,不严重的单位则采取及时有效的措施来防止灾害扩大。另外,需要注意的是,在乡村中心地区和人口密集的活动区,不得建设有次生灾害源的工程。

（四）疏散场地规划

疏散场地需要结合广场和绿地等综合考虑,它规划建设的依据是疏散人口的数量,同时应避开次生灾害严重的地段。另外,避震疏散场地应该具有明显的标志和良好的交通条件:每一处疏散场地都不宜小于 2 000m²;人均疏散场地不宜小于 3m²;疏散人群距离疏散场地不宜太远,一般不大于 500m;主要疏散场地应具备临时供电、供水和卫生条件。

（五）制定地震应急预案

地震应急包括临震应急和震后应急,是防震减灾的四个工作环节之一。最根本的应急准备是制定破坏性地震应急预案和落实应急预案的各项实施条件。从各处的实践经验来看,地震应急预案包括应急机构的组成和职责、应急的通信保障、抢险救援人员的组织和资金物资的准备、应急救援装备的准备、灾害评估准备和应急行动方案。

（六）防震减灾设施布置

从乡村规划的角度看,学校操场、小广场、绿地等均可作为临时避震场所。在防震减灾方面,这些设施在选址和布局上有以下一些规定。

1.学校

学校的位置选择应该避开污染地段,要选择光照充足、场地干燥、排水通畅、地势较高的地段,校内应有足够布置运动场的场地,具备基本的给排水系统和供电设施,学校内部不得有高压输电线的经过。

2. 小广场

小广场的设置一定要考虑到的是排水顺畅。其坡度的设置,平原地区小于或等于 1%,最小为 0.3%;山丘区应小于或等于 3%;积雪和寒冷地区不应大于 6%,在出入口处应设置纵坡小于或等于 2% 的缓坡段。

3. 绿地

绿地不仅对美化环境、防护水源、阻风减尘等有显著的作用,对防震减灾也有重要的意义。绿地,特别是分布在居住区内的绿地,可供临震前的安全疏散之用。

第七章 村庄景观规划与建设

对村庄景观进行合理的规划与建设,不仅可以改变农村以往脏乱差的形象,同时也能改善乡村的生态环境、乡民风貌,对加强城乡一体化、建设社会主义新农村具有重要的意义。本章将对村庄景观规划与建设进行具体的研究与分析,着重阐述村庄景观的构成及其动态变化,以及如何将村庄景观规划与建设融入新农村建设中。

第一节 村庄景观的构成及其动态变化

一、村庄景观的构成

村庄景观的构成包含众多要素,要受到一定的自然环境以及人文历史发展的影响。通常来说,村庄景观的构成要素可以分为物质要素和非物质要素,而物质要素又包含有自然要素和人工要素,下面对其进行具体分析。

(一)自然要素

自然要素分为地形地貌、土壤、水文、气候及动植物等要素,它们共同形成了不同村庄地域的景观基底。尽管每一种要素都有不同的特点和作用,但是要呈现出景观的整体特征还是要集合各个自然要素的共同作用。

1.地形地貌

地形地貌是构成村庄地域景观宏观面貌的基本元素之一,具体可分为高原、丘陵、山地、平原、盆地五大类型。从研究的数据得知,在中国,山地约占陆地面积的33％,高原约占26％,丘陵约占10％,平原和盆地共约占31％。值得注意的是,通常所说的山区包括山地、丘陵和起伏不平的高原,约占陆地面积60％。此外,地形地貌还是对景观类型划分及景观分析的重要依据。

在景观构成中,海拔高度是一个不可忽视的重要因素,气候、植被、土壤都会随着海拔高度而产生变化。此外,不同的地形地貌对自然景观、农业景观和村镇聚落景观也会产生不同的影响。

(1)山地的坡度和坡向对景观的形成有重要意义。地表水对土壤侵蚀的可能性和强度与坡度对地表水分配和径流形成的影响密不可分,所以,坡度对土地利用的类型和方式起决定性作用。而不同的坡向造成光、热、水的分布差异,因而直接决定了植被类型及其生长状况。

(2)山区用地紧张,可耕面积少,只能结合地形地貌来进行农业生产,根据等高线修山建田,如梯田景观。

(3)山区的村镇聚落也受到地形地貌很大的影响。中国传统村落的选址和民居楼的建设都与自然的地形地貌有机地融合在一起,互相因借、互相衬托,从而创造出地理特征突出、景观风貌多样的自然村镇景观。比如重庆、贵州等地的吊角楼,福建土楼等。一个地域的单体建筑形式一旦与特定的地形地貌相结合,便形成千姿百态的建筑群,从而极大地丰富了村镇聚落整体的景观变化。

2.土壤

土壤是村庄景观的重要组成要素之一,是决定村庄景观异质性的一个重要因素。中国的土壤类型繁多,从东南向西北依次分布的有森林土壤(包括红壤、棕壤等)、森林草原土壤(包括黑土、褐土等)、草原土壤(包括黑钙土、栗钙土等)、荒漠及半荒漠土壤等。不同类型的土壤适合栽种不同的植被,对农业生产尤为重要。景观的变化动态无论以何种形式呈现,都能通过土壤的形成过程及其性质反映出来。

3.水文

水资源是景观中最富有活力的村庄景观构成要素之一,无论是生命体还是植被,水资源都是其类赖以生存和发展的必要条件,是农业经济的命脉。不同的水体,如湖泊、沼泽、河流、冰川等,有着各自不同的生态特征,具体表现为以下几方面。

(1)湖泊按水质可分为淡水湖、咸水湖和盐湖;按分布地带可分为高原湖泊和平原湖泊,是较封闭的天然水域景观。淡水湖往往具有防洪调蓄和发展农业、渔业等重要作用。

(2)沼泽是一种典型的湿地景观,具有巨大的环境功能和效益。

(3)河流从水文方面可分为常年性河流与间歇性河流,前者多在湿润区,而后者在干旱、半干旱地区。河流补给分为雨水补给和地下水补给,雨水补给是河流最普遍的补给水源。

(4)冰川广泛分布于中国西南、西北的高山地带。冰川水是中国西北内陆干旱区河流的主要水源,如塔里木河、叶尔羌河等,也是绿洲农业景观的主要水源。

4.气候

气候是造成不同地域村庄景观差异的重要因素。它形成的三个最主要因素为太阳辐射、大气环流和下垫面,主要表现方式是温度、降水和土壤。中国拥有多种多样的气候类型和对农业生产有利的气候资源。通过建筑的形式和农作物的分布,能展现出在不同气候条件下所形成的明显不同的村庄区域景观类型,如北方的四合院、苏州的园林、黄土高坡的窑洞等。我国的耕作地区也根据气候差异分为一年一熟区、一年两熟区、一年三熟区、两年三熟区和双季水稻区。

5.动植物

植被与气候、地形和土壤是相互影响的,有什么样的气候、地形和土壤,就有什么样的植被。反过来,植被对气候变化和土壤也具有调节作用。植被类型可划分为五大类:森林、热带稀树草原、草原、荒漠和冻原。中国植被分为八个区域,分别是寒温带针叶林区域、温带针阔叶混交林区域、暖温带落叶阔叶林区域、亚热带常绿阔叶林区域等。目前已被利用的植物资源可以归纳为五大类:食用植物、环保植物、工业用植物、种植植物、药用植物。

在维持生态可持续发展和保护环境方面,野生动物起到的作用功不可没。比如,长期以来,内蒙古地区由于过度放牧,不适当的开垦耕作,森林的过度砍伐,危及野生动物的栖息地,导致野生动物数量急剧下降,破坏了草原的生态链,生态环境持续恶化。近年来,内蒙古开始实施围封转移、封山育林、禁牧还草等多项大型生态工程,随着生态情况的改善,狼、鹿、狐狸、野生跳鼠和马鹿等出现在草原上,野生动物自然形态的生态链逐渐开始恢复,草原上又显出一片生机盎然的景色。

(二)人工要素

人工要素主要包括各类建筑物、道路和公共设施、农业生产用地等。

1.建筑物

根据使用情况,一般建立在村庄地域的建筑物分为四种,分别是工业建筑、农业建筑、民用建筑和宗教建筑。

工业建筑包括各类产业生产用的厂房、仓库等。供农业生产用的房屋,如禽舍、塑料大棚、蔬菜水果等仓库、农业库房、水产品养殖建筑等被称为农业建筑。民用建筑又分为居住建筑和公共建筑。简单来说,居住建筑包含住宅、宿舍等;公共建筑是指学校、图书馆、电影院等。宗教建筑是指与宗教有关的建筑,如佛教寺庙、教堂等。

2.道路和公用设施

村庄道路是支撑起村庄景观的支架,主要为乡(镇)村经济、文化、行政服务,包括村庄地域范围内高速公路、国道、省道、乡间道路、村间道路以及田埂等不同等级的道路。公用设施包括各种类型的水利设施,在抗洪、发电以及灌溉农业方面有巨大作用。例如,古代水利工程都江堰,在顺应自然规律的情况下,通过巧妙的水利建筑设计,使汹涌的岷江水在经过都江堰时能化险为夷,变害为利,造福一方百姓,形成著名的文化历史景观。

3.农业生产用地

民以食为天,在5000多年的中华文明里,农业占据着至关重要的地位。以种植业为主的传统农业概念被称为"狭义农业"。村庄景观所涉及的是广义农业的概念,主要由种植业、畜牧业、林业、渔业和副业组成,形成了村庄景观的主体。

(三)非物质要素

在构成村庄景观的要素中,除了以上所罗列的物质要素外,非物质要素也是不可或缺的,甚至占有重要地位,主要体现在精神文化生活层面。只是,非物质要素与物质要素是相互融合的,没有绝对的界限,比如,村民们在选择落户时,要考虑风水等抽象的观念。宗教文化属于精神层面的东西,主要体现在寺庙、石窟等建筑景观上。

村庄景观非物质要素同村庄居民生活的行为和活动息息相关,表现在民俗、宗教、语言等方面。具体的分析和研究如下。

1.民俗

民俗,即民间风俗,衍生于人类社会群体生活的需要,是由广大民众创造出的世俗文化。不同的民族、时代和地域具有不同的民俗文化特征,对形成各具特色的村庄景观具有重要的影响。

由于中国是农业大国,所以,村庄民俗景观是同农业文明紧密相连的。如能够反映农业文明特点的节日,无论是汉族还是少数民族都有很多。比如,岁时节庆、哈尼族的栽秧号、江南农村的稻花会、苗族的吃新节等。除此之外,婚丧嫁娶的习俗,祭祀信仰也都与农业文明相关,成为中国民俗中最有特色的景观,如傣族、哈尼族等在秋收季节,则有祭谷神的习俗,以求来年丰收。

值得一提的是,民俗文化所展现出来的村庄景观文化只是一种表象文化,不具有深层次的内涵,只有真正研究风俗习惯背后所隐藏的民族心理性格、思维方式和价值观才能探寻到本质。

2.宗教

几千年来,人类社会生活的发展一直都深受宗教的影响。作为人类文明的一部分,宗教对文化景观的影响最突出表现在于建筑方面。宗教建筑具有特别的表现力,独特的艺术手法影响着千百年来的建筑形式,如西藏的布达拉宫。宗教建筑不仅广泛分布,宏伟壮观,而且对村庄聚落景观产生了一定的影响。例如,云南傣族,其居民均信奉小乘佛教,关于佛教的布施活动也极为频繁,每逢举行大型的佛教活动,村民们都要前往寺庙进行朝拜。所以,傣族的各个村寨,都布满了各种佛寺,而这些佛寺的修建也独具特色,有些甚至成为当地最独特的文化景观之一。在对佛寺的修建和维护上,也具有属于当地的文化特点。如不能在佛寺的对面和两侧盖房子,为了凸显佛寺的神圣和庄重,有些村民还约定村中住宅楼高度不得超过佛像座台的高度,佛寺自然地就成为人们精神崇拜和公共活动的中心。在一些伊斯兰教地区,清真寺不仅成为聚落的重要组成部分,还处于宗教聚落的中央位置,常常是最显著的标志性景观。

3.语言

语言不仅是文化的一部分,同时在对文化、文明的推动上也发挥了巨大的作用。不过,语言的发展,也要受到自然条件、人口迁移、城市化等多种因素的影响。中国是一个多民族国家,语言划分为五大语系,分别为汉藏语系、阿尔泰语系、南亚语系、南岛语系和印欧语系,其特点有以下几个方面。

(1)汉藏语系涉及的人口数量最多,占到全国总人口的98%以上,说汉语的占全国总人口的94%以上。

(2)现代汉语可以分为十大方言区,在一些地区,甚至相邻两县之间的方言都不一样。例如,江浙一带,浙北接近吴方言,到了绍兴、金华这边说的是越方言,浙南部山区的方言区别更大,像是最难懂的温州话,而杭州话又结合了吴越方言和官话的特点。

(3)受人口迁移和城市化的影响,方言在村庄较城市得以更好的保留,是一种非常特殊的文化景观资源。例如,人们去异地旅游,不光是游览当地的旅游景观,还要学上几句方言,这就是语言景观的魅力所在。

二、村庄景观的动态变化

在对景观的动态变化进行研究时,也有助于对景观变化的规律进行分析。景观产生动态变化是因为受到干扰,这种干扰可能来自自然因素,也可能与人类活动有关,但不论怎样,都会呈现出一些共同的特征。

(一)景观动态变化的基本认知与判断标准

1.景观动态变化的基本认知

景观动态变化是由于在内部作用力与外部作用力的共同影响下,组成景观的各个要素发生一定的变化,从一种状态转变到另一种状态的过程,从而破坏了景观系统的稳定性,引起景观空间结构的改变。

2.判断景观动态变化的标准

根据 Forman 的研究,判断景观是否发生改变时,主要有两个标准:"一是从时间角度,将干扰间隔的时间同景观所需要的恢复时间进行对比;二是从空间角度,把干扰景观的范围与景观的实际大小作对比。"对某一景观发生变化的判断标准有:"第一,基质是否发生变化,是否有新的景观要素类型成为景观基质。第二,几种景观要素类型所占景观表面百分比发生足够大的变化。第三,景观内产生一种新的景观要素类型,并达到一定覆盖范围。"①

(二)景观动态变化的种类

根据 Forman 提出的对景观变化的判断标准,景观动态变化有三种典型类型。

(1)当一种类型的景观要素脱颖而出,成为最有优势的元素,可以取代之前的景观元素,促使景观基质产生变化。

(2)当景观内产生出一种新的景观要素时,而且所占百分比比较大,对原有的景观内要素分布格局产生了影响。

(3)某一些景观要素发生较大的变化,引起景观内部发生改变,物流、能流、信息流都随之改变,使景观呈现出新的状态。

(三)景观产生的抗性

当有外界干扰时,景观系统会为了维持原先状态或者进入另一种稳定状态,产生抗性。景观在受到外界的冲击后,可通过以下的方式进行自身能力恢复和缓冲作用。

(1)景观内部的异质性可对外界起到缓冲作用。

(2)景观系统内部有物流、能流和信息流,它们具有对干扰的阻抗力和恢复景观原貌的能力。

(3)在受到干扰后,景观元素便可增强抗干扰的能力,生物进

---

① 赵德义,张侠.村庄景观规划[M].北京:中国农业出版社,2009:67.

化法则可以使景观元素产生有抗性的生物后代,使之能从干扰中迅速稳定下来。

(四)村庄景观动态变化的驱动因素

自然因素和人为因素相互交织在一起,都能从宏观上推动景观发生变化。自然因素往往是从时间、空间上,促使景观发生较大的变化,但随着信息科技革命,人为因素对景观的影响也越来越大。要使景观朝着可持续方向发展,就要深入了解自然因素和人为因素的本质,摸清两者的关系。

1.自然因素中的驱动因素

(1)气候、地貌、土壤。气候是景观演变最根本、影响最长久的一个因素,其变化对景观的影响尤为突出。例如,温室效应造成全球升温。根据科学家的研究,导致沙漠形成的决定因素就是气候。此外,气候还影响着人类的生活,如要根据气候的差异,调整人为活动和农业活动等。

地貌因素在对村庄景观的影响中有很稳定的一面,人往往在短时间内不容易看到大地沧海桑田的巨变,所以在研究由地形引起的景观变化时可用深度效应和开敞程度来表示。同时,农村居民点景观动态变化与地形地貌也有着密不可分的关系。经研究,农村居民点在平原地区会呈现斑块规模大、布局较为紧凑的特点,由于耕地资源丰富,居民点可以大规模地扩张,不受空间限制。

土壤就像一个引擎,为景观变化提供重要的动力。有了土壤,才能为高等植物的生长和进化奠定基础,而植被也可以改变土壤,具有反作用力。

(2)自然干扰。简单来讲,"自然干扰"可以是地震、龙卷风、水灾和虫灾等比较常见的现象。其中某一现象频繁出现,会成为景观构成的一部分,成为自然生态系统演变的一种形式。反之,只有不可预测、突然爆发性产生的干扰,造成大规模的破坏,使原有景观开始出现不平衡现象,才能使景观产生根本性的改变。

(3)生命过程。生命的产生与发展对地球景观的演变产生了巨大的影响力。从最初的苔藓、地衣或藻类的出现保护了地面,经过物种不断的演变,再到食草高等哺乳动物的出现,后再经历了冰川和物种迁移。当出现了农业文明,人类通过其智慧与力量改变和创造新的景观,由此,人类活动对景观的影响也越来越强烈。生命的过程对景观变化也有着重要的意义。

2.人类因素中的驱动因素

人类活动对村庄景观动态变化的驱动因素包括几个方面:自然资源的开采、农业生产活动、人工建筑和社会经济文化因素等。接下来对自然资源的开采和社会经济文化因素进行重点分析。

(1)自然资源的开采。原始社会,由于生产力和生产技术不发达,人类活动对景观的影响非常小。但随着生产技术不断改进,特别是工业时代,科学技术的发展,人们对自然的开发和利用达到前所未有的水平。比如,对各种资源的开采,石油、煤铜铁矿等。但值得警惕的是,由于人类的贪婪,不尊重自然规律,对自然过度索取和开采的现象频频发生导致生态环境被破坏,甚至出现对地表破坏的现象,例如,20 世纪七八十年代,由于私人小煤窑滥采乱挖,致使内蒙古呼伦贝尔草原上出现数目惊心的大天坑,无疑是对景观的破坏。

(2)社会经济文化因素。社会经济文化包含多个方面,分别是政治体制、人口、经济、文化背景等。其对景观结构、功能和变化的特征也有影响,主要表现在对土地的利用和覆被。比如,全国大范围地修建铁路、高铁,到处架高架桥,虽然交通的发达能促进经济的飞跃,但同时也是一把双刃剑,会破坏某些景观栖息地,成为物种迁徙的绊脚石。厦门的曾厝垵,曾经也只是一个无名小渔村,但通过创新思维,打文化牌,不仅褪去破旧的"外衣",还摇身变成现在的文艺青年的朝圣地商圈,极大提升了当地的旅游行业。

总的来说,在研究村庄景观的动态变化时需要用辩证的方法来看问题,既要看到每一个驱动因子所发挥的作用,也要综合考虑集合各个驱动因子的共同作用。

第二节　新农村建设中的村庄景观规划与设计

一、建设社会主义新农村的内涵和意义

(一)建设社会主义新农村的内涵

"社会主义新农村"是指在社会主义制度下,反映一定时期农村社会经济发展,以社会全面进步为标志的社会状态。在党的十六届五中全会通过的《中共中央关于制定国民经济和社会发展第十一个五年规划的建议》,提出了按照"生产发展、生活宽裕、乡风文明、村容整洁、管理民主"的要求建设社会主义新农村,赋予"社会主义新农村"以崭新的内涵,包括物质、精神、政治文明三个范畴。

(二)建设社会主义新农村的意义

建设社会主义新农村是我国对农村的一个根本性政策的转向,从"消灭农村"到"建设农村",对社会生产发展都具有重要的影响,其意义包含几个方面。

(1)建设社会主义新农村是解决"三农"问题的根本途径。

(2)为我国实现两个百年奋斗目标奠定了坚实的基础。

(3)建设社会主义新农村是我国现阶段社会发展的迫切要求。

二、社会主义新农村建设中的村庄景观规划

建设新农村要做到贯彻"生产发展、生活宽裕、乡风文明、村容整洁、管理民主"20 字方针，具体表现如下。

（1）生产发展。建设新农村的根本任务就是发展生产，促使生产力的提高，则要优化农业生产布局，改变农业增长方式，提高出产率和综合生产率。同时也要多开展现代农业的培训，让农民们掌握现代农业机械，科学地进行农业活动。

（2）生活宽裕。简单来讲，就是增加农民的经济收入，提高农民的生活水平和质量，让更多的乡民也能过上小康生活。

（3）乡风文明。改善农村落后的乡风乡貌，提高农民的整体素质，就要多加强精神文明的建设，提高农民的知识文化水平，养成良好的生活、卫生习惯，形成科学、健康向上的社会风气。

（4）村容整洁。为了让农民们有更好的生存状态，就要进行村容建设，此外，还要加强医疗、教育、公路等公共基础设施建设。

（5）管理民主。管理民主体现在村民自治制度上，也是新农村的重要政治保障。要加强农村的基层建设，健全党领导的村民自治机制，普及法律、民主知识，提高村民的法律、民主素养。

三、社会主义新农村建设中的村庄景观设计

（一）村庄景观设计应遵循的原则

景观本身包含有多种元素，既有物质上的元素，又有精神元素，具有多层次性和多功能性。所以，在进行新农村景观设计时，需要遵循的原则如下。

（1）充分利用和整合资源，落实节地、节能、节水、节材原则。

（2）景观设计要根据实际的地形地貌，对不同经济情况的地区要做不同的设计指导。

(3)要设计多种模式,具体问题具体分析,创造宜居环境。

(4)保护历史遗存,弘扬传统文化。

(二)村庄景观设计的内容

村庄景观的设计要达到保护好环境、保证绿色生态防护功能,有效发挥其生态绿化功能。所以其内容有以下四点。

1.道路交通

根据国家规定,村庄道路的路面必须硬化,两侧设置排水沟渠,并根据降雨量设置沟渠深度和宽度。道路通过人流密集路段,应设置好限速标志等。

2.给水和排水

实现村庄供水到户,满足农村地区人畜用水问题。在水资源匮乏地区,可安装收集雨水的工具,补充生活用水。村庄排水工程应根据"雨污分流"的排水体制进行设计,将污水处理后可用作农业灌溉,要及时排放雨水,避免内涝。

3.粪便处理和垃圾处理

对公共厕所和户用厕所的设计建设,要符合国家现行有关技术标准的要求。应进行垃圾分类,并对垃圾场进行无害化处理。

4.对传统建筑文化的保护

对村庄景观的设计要因地制宜,最好是能凸显当地的传统文化特色。在村庄建设上,则要加强对传统文化建筑的保护,及时修复破损的公共建筑物。

总之,建设社会主义新农村,还应顾及减灾防灾、村庄环境面貌、公共场所等方面。只有方方面面考虑周全,设计时结合实际情况扬长避短,才能建设出让乡民们安居乐业、文明绿色的新农村。

第八章　乡村生态环境保护规划与建设

乡村生态环境就是"农业生物赖以生产的大气、水源、土地、光、热以及农业生产者劳动与生活的环境"[①]。它对农业的可持续发展、乡村人居环境的优劣以及农民身心的健康发展有着极为重要的影响。因此,在进行乡村规划与建设时,必须要将乡村生态环境的保护与建设作为一项重要内容,并切实做好乡村生态环境保护的规划工作。

第一节　当前我国乡村生态环境现状

我国乡村生态环境保护工作在经过多年的努力后,已经取得了重大进展。比如,通过对农业结构的调整、积极发展有机农业以及实施退耕还林等措施,乡村的生态环境得到了有效改善。但是,综观当前乡村的生态环境形势,仍然是十分严峻的,且一些生态环境问题还对乡村经济的发展以及农民的身心健康等造成了一定的不良影响。在本节内容中,将具体阐述一下当前我国乡村生态环境存在的问题,并详细探究这些问题产生的原因。

一、当前我国乡村生态环境存在的问题

在当前,我国乡村生态环境建设面临着一些新的挑战和环境

[①]　朱朝枝.农村发展规划[M].2版.北京:中国农业出版社,2009:260.

压力,并呈现出越来越多且复杂的问题。概括来说,当前我国乡村生态环境存在的问题主要有以下几个。

(一)存在严重的水土流失和土地荒漠化、沙漠化问题

长期以来,我国乡村都存在着对水土资源进行过度利用的现象,从而导致水土流失十分严重。虽然新时期以来,乡村建设中十分注重对水土资源进行保护,但是因城镇建设、道路建设等造成的水土流失问题仍然十分严峻。

此外,我国乡村当前还面临着十分严峻的土地荒漠化、沙漠化问题。这不仅导致乡村的自然灾害频发,而且对乡村正常的生产生活造成了严重破坏。

在今后,为保障乡村生产活动以及乡村人民生活活动的顺利开展,水土流失和土地荒漠化、沙漠化的治理问题应继续成为我国乡村生态环境保护与建设的一项重要内容。

(二)存在严重的资源短缺问题

在当前,由于乡村生态环境的不断恶化,乡村发展所需的资源也出现了严重短缺的现象,具体来说表现在以下几个方面。

(1)随着乡村住房、交通等建设用地的不断增加,以及水土水流等土地问题的存在,乡村的耕地资源不断减少。

(2)我国本身是一个水资源短缺且经常发生水旱灾害的国家,再加之乡村地区存在农业发展严重依赖农业灌溉的现象,导致乡村的水资源出现了严重的短缺趋势。

(3)由于乡村在发展的过程中存在着将林业用地变为农业用地和建设用地、对林业资源进行过度采伐的问题,虽然国家对此进行了一定治理,但并未完全杜绝。这导致乡村的森林资源正不断减少。

(4)乡村的生物资源,据相关调查资料来看,呈现出加速减少和消亡的现象。

（三）存在严重的污染问题

污染问题也是当前我国乡村生态环境中出现的一个重要问题，具体表现在以下几个方面。

1.农业面源污染严重

所谓农业面源污染，就是"由沉积物、农药、废料、致病菌等分散污染源引起的对水层、湖泊、河岸、滨岸、大气等生态系统的污染"[①]。

近年来，乡村的农业面源污染呈现出不断加剧的局面。而农业面源污染的原因，概括来说主要有以下几个。

（1）化肥、农药、农膜等的大量使用。

（2）农作物秸秆的焚烧。

（3）畜禽养殖业发展产生的大量畜禽粪便。

（4）乡村不断增多的生活垃圾。

2.水污染

乡村每年都有大量的生活污水产生，但这些生活污水大多没有经过处理便随意排放，导致乡村的湖泊、水库等污染严重，富营养化突出等。在某些乡村地区，甚至村民的饮用水水源也遭到了不同程度的污染。

3.工业污染

随着改革开放的不断深入，乡村的经济发展不断加快，各种类型的乡村企业也不断出现并获得迅速发展。乡村企业的出现，一方面对乡村的富余劳动力进行了有效安置，并帮助乡村逐渐脱离了贫困；另一方面因长期存在的粗放式经营方式引发了不少环境问题，导致废水、废气、废渣等工业污染严重。

---

① 唐洪兵，李秀华.农业生态环境与美丽乡村建设［M］.北京：中国农业科学技术出版社，2016:6.

在当前,新时期乡村建设开始偏重于污染少、技术密集、集约化程度高的大企业,这对于改善乡村企业造成的工业污染是有重要帮助的。

4.耕地污染

不少乡村地区的耕地由于长期过量地使用化肥、农药、农膜,且灌溉用水多是污水,导致耕地的地力(土壤的肥沃程度)不断下降。这不仅严重影响了农作物的生长,造成农作物减产,而且严重影响了农产品的质量以及食品安全,对于农业的可持续发展以及社会的稳定来说是十分不利的。

二、当前我国乡村生态环境问题产生的原因

在新时期的乡村建设过程中,导致乡村生态环境问题产生的原因是多方面的,其中较为重要的有以下几个。

(一)乡村生态环境保护意识比较淡薄

乡村生态环境保护,最为根本的是乡村相关主体具有生态环境保护意识。但就当前来说,乡村相关主体的生态环境保护意识是比较淡薄的,具体表现在以下几个方面。

1.地方政府的生态环境保护意识淡薄

在当前,不少乡村地方政府的生态环境保护意识不强,具体来说表现在以下几个方面。

(1)不少地方政府存在严重的重经济、轻环保的意识,这导致其在进行乡村建设时注重发展工业,而乡村工业在发展的过程中往往为追求经济利润而忽视对生态环境的保护。也就是说,地方政府未能有效处理经济与环境的关系。

(2)不少地方政府在对乡村进行建设时,存在一定的认识偏差,如认为建设新的乡村就是改变乡村的脏乱差现象,对于乡村

的生态环境则没有引起足够的重视;认为乡村发展规划中要有生态环境功能规划,但对于生态环境功能规划的作用则认识不足;盲目地追求"形象工程""政绩工程",并往往急于求成,导致农村生态环境并未得到实质性的改善等。

（3）不少地方政府对乡村生态环境污染的紧迫性认识不足,这导致地方政府越来越轻视乡村生态环境问题,并很容易引发以牺牲乡村生态环境为代价来发展经济的行为。

2. 村民的生态环境保护意识淡薄

在当前的乡村中,出现了精英分子流向城市的趋势,导致乡村的村民多由老人、妇女和儿童构成。而这些人的生态环保意识是比较差的,从而导致乡村的生态环境遭到了严重破坏。具体来说,村民的生态环境保护意识淡薄主要表现在以下几个方面。

（1）近年来,我国的农业生产水平有了很大提升,但不少乡村地区的农业生产仍以粗放式为主,如过量使用化肥农药甚至是用触杀性好且成本低廉的农药来追求农作物的数量,对农作物的质量以及化肥农药造成的环境污染问题缺乏足够的认识;大力发展畜禽养殖,但养殖过程中产生的大量粪便和废水几乎未经过处理就直接排入水体等。所有这些现象,主要是由于村民的生态环境保护意识淡薄造成的。

（2）近年来,我国乡村获得了较快发展,村民的收入水平也有了很大的提高。但是,收入的增长并没有使村民改变原本的生活方式,生活污水直排、生活垃圾随地堆放的现象仍然十分常见。这表明村民的生态环保意识是比较差的,未能形成科学的、绿色的生活消费意识和生活习惯。

（3）在绝大多数村民的思想中,都存在着多子多福的传统观念,因而很多村民都不顾计划生育政策而生育多个孩子。这不仅使乡村的人口数量增长过快,使我国的人口问题越来越严重,而且使乡村的经济发展和生态环境保护面临着越来越大的压力。

（4）不少村民由于受传统观念影响,温饱即足,只顾眼前利益而不顾长远利益,再加上他们的文化素质较低,因而生态环境意识和维权意识都比较缺乏。也就是说,当村民的合法权益受到侵害时,他们并不能拿起法律的武器有效地维护自己的权益。

3. 乡村企业的生态环境保护意识淡薄

乡村企业的出现与发展,对乡村经济的发展以及乡村人民生活水平的提高产生了重大作用。但是,不少乡村企业在发展的过程中,因受到利益的驱动而忽视乡村的生态环境问题,导致乡村的生态环境不断恶化。因此说,乡村企业的生态环境保护意识淡薄也是导致乡村生态环境问题突出的一个重要原因。

(二)乡村生态环境保护的资金投入严重不足

乡村生态环境保护的顺利进行,需要有大量的资金投入作支撑。但在当前,我国生态环境保护的资金投入是十分有限的,且这有限的资金往往投入城市而非乡村,从而导致乡村的环境保护深受资金缺乏的制约。

此外,乡村的环境保护资金投入渠道单一,即主要依靠国家财政投入、农村自身筹资和以工代资等方式,银行资金、社会资金和企业资金几乎都没有参与到乡村的生态环境保护之中,这对于乡村环境保护的实施来说也是十分不利的。

(三)乡村生态环境保护的政策不够科学

乡村生态环境保护的政策不够科学,也是导致乡村生态环境问题突出的一个重要原因,具体表现在以下两个方面。

1. 制定乡村生态环境保护政策的指导思想不够科学

从总体上来看,制定乡村生态环境保护政策的指导思想是不够科学的,具体表现在于以下两个方面。

(1)我国在制定环境政策的过程中,存在着明显的"城市中心主义"指导思路,即环境工作要围绕着城市来进行。在其影响下,我国制定的环境政策多是重城市环境保护以及城市环境问题的预防与治理、轻乡村环境保护以及乡村环境问题的预防与治理。在某些时候,甚至为了保护城市环境而牺牲乡村环境。所有这些都导致我国乡村的生态环境问题日益严峻。

(2)我国在制定环境政策的过程中,存在着明显的"重政府环境权力、轻政府环境义务"的指导思想。在其影响下,我国制定的环境政策无法发挥充分的作用。

2. 乡村生态环境保护政策的执行过程存在一定偏差

乡村生态环境保护政策的执行过程存在的偏差,具体来说表现在以下几个方面。

(1)由于受到城乡二元经济体制的影响,我国针对城市和城市居民、乡村和村民的政策是有差异的。在其影响下,乡村的城市化进程和经济发展速度缓慢,人口也被大量滞留于乡村。长此以往,乡村便出现了极为突出的人口与资源、环境的矛盾,即人口的数量大大超过了资源和环境的承载量,而这必然会对乡村的生态环境造成极大的破坏。此外,城乡二元经济体制导致乡村和村民的生活贫困程度加剧,村民连生存问题都未能得到有效解决,更不可能有精力顾及乡村的生态环境保护了。

(2)乡村生态环境保护政策在执行过程中存在着明显的地方保护主义,这导致乡村的生态环境问题治理起来非常困难。

(3)我国制定的乡村生态环境保护政策在乡村存在一些不适应的情况,如因乡村缺乏环境保护机构以及乡村生产生活方式的特殊性而导致国家制定的以行政管制为主要手段的强制性乡村生态环境政策无法得到有效实施;由于村民的生态环境意识普遍比较淡薄而导致国家制定的以利益刺激为主要手段的激励性乡村生态环境政策无法得到有效实施;国家制定的"谁污染谁治理"的环境治理原则因没有让村民得到应有的补偿而未得到有效实施等。

（四）乡村生态环境保护的法律法规不够健全

自新中国成立以来，我国对环境保护的法律法规建设给予了高度重视，并取得了一定成果。但是，这些环境保护法律法规多是针对城市环境问题而制定的，因而对乡村生态环境问题的适应性是有限的。也就是说，当前乡村生态环境保护的法律法规建设是不够健全的，甚至在农村噪声污染、农村环境基础设施建设、农村饮用水水源保护等方面的专门立法基本是空白的。这对于乡村生态环境的保护来说是十分不利的。

（五）乡村生态环境保护的监管体制不健全

乡村生态环境保护的监管体制不健全，也是导致乡村生态环境问题突出的一个重要原因，具体表现在以下几个方面。

1.乡村环境管理机构不够健全

就我国当前的实际来说，环境管理机构在设置上呈现出从中央到地方依次递减的状态，这在环境管理机构的数量、规模、设施、人员等方面都有鲜明的体现。因此，我国乡村的环境管理机构是比较缺乏的。

2.乡村环境保护的监管力度不够

我国的环境问题中，乡村环境问题虽然是极为重要的一个方面，但并未引起足够的重视，因而乡村环境保护的监管力度从整体上来说是比较差的，具体表现在以下几个方面。

（1）乡村环境保护人员的配备严重不足。

（2）乡村环境保护部门的环保设备配置比较落后，缺乏必备的交通与通信工具，导致接到污染举报后无法尽快到达违法现场，从而使违法企业或人员有较多的时间采取应对措施。

（3）乡村环境保护人员的监督管理技术比较缺乏，导致在进行违法排污取证时较为困难。

（4）乡村环境保护工作往往由多个部门共同负责，相互之间推诿责任的现象时有发生。

3.乡村环境保护的社会监督力度不够

在生态环境保护的监管中，公众参与是不可或缺的一项重要内容。但是，由于村民的生态环境保护意识比较差，往往认为生态环境保护是政府的事情，因而并未对生态环境保护进行有效监督，导致乡村环境保护的社会监督机制未能有效形成。

（六）乡村生态环境问题的治理缺乏技术支持

在当前的乡村建设中，也开展了一定程度的生态环境治理，并在一定程度上改善了乡村的生态环境。但是，由于乡村的经济较为落后、工业较为薄弱、村民的科技文化知识比较欠缺，因而在治理生态环境问题时还存在一定的问题，其中较为突出的一个便是技术缺乏。乡村生态环境治理技术的缺乏，会导致乡村生态环境问题治理不当，继而引发另外的生态环境问题。

第二节　乡村环保规划的编制

乡村环保规划的编制，对于乡村的生态环境保护以及乡村经济社会的可持续发展具有极为重要的作用。

一、乡村环保规划编制的原则

乡村环保规划要想在实际的乡村生态环境保护中发挥充分的作用，就必须在进行编制时遵循一定的原则，具体来说有以下几个。

（一）规律性原则

规律性原则指的是在进行乡村环保规划编制时，要充分考虑到乡村生态系统中物质和能量的转化运动过程以及人类与环境系统的生态循环。只有在此基础上编制的乡村环保规划,才能具有适宜的尺度,并确保人与环境之间能够保持相对稳定的动态平衡状态。

(二)预防性原则

预防性原则指的是在编制乡村环保规划时应坚持以防为主,防治结合。只有这样,才能有效预防乡村可能出现的生态环境问题,并提前做好问题真正出现时的解决措施。

(三)适度性原则

在乡村生态环境中,所有的资源并非是无限的,而是具有一定的有限性。同时,乡村生态环境只能在一定的限度范围内承载环境污染、环境破坏等,一旦这一限度被打破,乡村生态环境便会逐渐恶化,并严重影响到乡村的进一步发展以及村民的正常生产与生活。因此,在编制乡村环保规划时必须要遵循适度性原则,对乡村生态环境承载环境污染、环境破坏的限度进行科学分析与计算。

(四)系统性原则

乡村生态环境是一个由众多因素构成的复杂系统,在这个系统中,构成因素之间存在着相互联系与制约的关系,且任何一个因素的变化都会影响到其他因素甚至是整个系统的变化。因此,在编制乡村环保规划时应遵循系统性原则,即将乡村生态环境作为一个系统来进行整体考虑,充分考虑到乡村生态环境的影响因素及其相互之间的关系,尽可能避免顾此失彼。

(五)针对性原则

不同地区的乡村生态环境存在着明显的差异,再加上不同地区的人口状况、经济发展情况、文化技术水平等也有很大的不同,因此,在编制乡村环保规划时应遵循针对性原则,以确保编制好的乡村环保规划能切实予以实施。

(六)参与性原则

公众参与环保规划是公众的权利,同时也是环保规划制定与实施的基础。因此,在编制乡村环保规划时应遵循参与性原则,积极让村民参与到乡村环保规划的编制之中,以确保编制好的乡村环保规划能够得到村民的接受与认可,继而积极予以执行。

二、乡村环保规划编制的内容

在编制乡村环保规划时,通常而言应包括以下几方面的内容。

(一)明确乡村环境的功能分区

乡村环境的功能分区,即以乡村环境的生态功能为依据对其进行的划分,有助于有针对性地对乡村环境的质量进行改善。一般而言,乡村环境的功能分区主要有以下几种类型。

(1)一般保护区,主要由生活居住区和商业发展区构成。

(2)特殊保护区,主要由自然保护区、重要文物古迹保护区、特殊保护水域等构成。

(3)生态农业区,主要用来积极发展生态农业,以确保农产品的质量。

(4)污染控制区,即需要对乡村企业进行严格控制,防止产生新的污染地区。

(5)重点治理区,即存在严重污染现状,需要对污染进行着重治理的地区。这通常是乡村环保规划中的重点治理对象。

(6)新建经济技术开发区,需切实保证环境的质量,以免产生新的污染。

（二）对乡村生态经济结构进行有效调整

对乡村生态经济结构进行有效调整，也是乡村环保规划编制过程中的一项重要内容，具体包括以下几个方面。

（1）积极对生态型产业进行开发与发展。

（2）切实对生态产业的清洁生产工艺予以推行。

（3）积极对生态产业园区进行建设。

（4）大力发展生态农业和绿色农产品加工业。

（三）对乡村生态环境进行有效保护

在进行乡村环保规划编制时，对乡村生态环境进行有效保护也是十分重要的内容，具体包括以下几个方面。

（1）积极开展能够对乡村生态环境问题进行有效治理的生态工程。

（2）积极开展能够对环境污染进行有效预防的环保工程。

（3）对各种自然资源进行充分保护与有效利用。

（4）积极开展乡村生态恢复工作。

（四）对乡村生态文化进行有效建设

对乡村生态文化进行有效建设，也是乡村环保规划编制过程中的一项重要内容，具体包括以下几个方面。

（1）通过生态环境教育与宣传等活动，积极转变村民的行为观念，使其真正树立起新的资源观、环境观等。

（2）积极引导村民参与到乡村环境保护之中。

（3）做好日常的乡村环境监督工作。

三、乡村环保规划编制的程序

在进行乡村环保规划编制时，需要遵循一定的程序，具体如下。

（一）进行乡村环保规划的准备工作

在编制乡村环保规划时，首先需要做准备工作。而乡村环保规划编制的准备工作，主要是对乡村环保规划编制的相关资料进行收集。一般而言，在收集乡村环保规划编制的相关资料时，可以借助于实地观察法、问卷调查法、访谈法、文献法等。

（二）对乡村环境问题进行界定与识别

在收集了大量与乡村环保规划编制有关的资料后，就需要对这些资料进行定性与定量分析，并在此基础上找出乡村生态环境保护所要解决的主要问题，即对乡村环境问题进行界定与识别。

1.对乡村环境问题进行界定

对乡村环境问题进行界定，有助于乡村环保规划的利益相关者对将要进行的事情形成一致的理解。在具体界定乡村环境问题时，以下两个方面要特别予以注意。

（1）尽可能采用定性与定量描述相结合的方式，对乡村环境问题进行明确界定。

（2）尽可能让所有的利益相关者都参与到乡村环境问题的界定之中。

2.对乡村环境问题进行识别

在对乡村环境问题进行识别时，以下两个方面要特别予以注意。

（1）特别注意区域资源利用中存在的问题。

（2）注意对不同的问题进行分类详细论述，如水资源开发利用中存在的问题、土地资源开发利用中存在的问题等。

（三）对乡村环保规划的利益相关者进行明确

所谓利益相关者，就是与某项事务具有一定利益关系的人。

在进行乡村环保规划时,对利益相关者进行分析也是一项重要的工作,有助于编制好的乡村环保规划具有更强的可接受性和可操作性。

通常而言,乡村环保规划的利益相关者主要有政府、规划师、受影响者、排污者和非政府组织等。其中,政府是最为重要的一个利益相关者,若是缺乏政府的参与和支持,乡村环保规划将不具备现实意义。与此同时,政府在乡村环保规划中的重要性使得编制好的乡村环保规划往往要反映政府的意愿,而忽视公众的意愿,这又会在一定程度上导致乡村环保规划的实施缺乏群众基础,继而难以实施。规划师通常由专业人员构成,对于保证乡村环保规划编制的科学性具有重要的作用。受影响者主要指的是村民,即正常的生产与生活受到影响的人们。排污者即生态环境问题的制造者与负责者,大多数情况下是乡村企业。非政府组织参与乡村环保规划的编制,主要是为了对政府的乡村环保规划编制行为进行监督,以保证编制好的乡村环保规划能够与公众的利益相符合,能够切实被公众所认可,继而得以有效实施。

(四)对乡村环保规划的目标进行制订

在明确了乡村环保规划的利益相关者后,就需要对乡村环保规划的目标进行确定。乡村环保规划的目标是否合理和科学,将对其实施以及实施效果产生重要的影响。因此,在具体制订乡村环保规划的目标时,要特别注意以下几个方面。

(1)尽可能让所有乡村环保规划的利益相关者都参与到目标的制订过程之中,并尽可能将他们的需求与要求反映出来。

(2)确保制订的目标与现实相符合,不可过高也不可过低。

(3)确保制订的目标具有技术可行性和经济可行性。

(4)确保制订的目标能够借助一定的指标进行衡量。

(五)对乡村环保规划的任务进行明确

在制订了乡村环保规划的目标后,就需要对实现这一目标所要进行的任务进行明确。在对乡村环保规划的任务进行明确时，以下几点要特别予以注意。

（1）对乡村环保规划的任务进行具体论述，并对其责任者进行明确。

（2）对乡村环保规划任务的实施条件、实施效果以及实施效果的衡量指标进行明确。

（3）保证乡村环保规划任务具有较高的实施可能性。

（4）对乡村环保规划任务未能有效完成时的补救或替代措施进行明确。

（六）对乡村环保规划的实施计划进行确定

明确了乡村环保规划的任务后，就需要对任务进行进一步的时空分解，并形成实施计划。乡村环保规划的实施计划主要是用来标明乡村环保规划任务的具体实施时间、实施条件以及实现程度，且在很大程度上决定着乡村环保规划的实施效果。

（七）对乡村环保规划进行控制与评估

控制与评估乡村环保规划，是编制乡村环保规划的最后一个环节。控制乡村环保规划，主要是为了保证乡村环保规划能够按照原定的实施计划进行，并及时发现和纠正实施过程中出现的问题。评估乡村环保规划，主要是为了明确乡村环保规划的实施效果，并及时发现实施中的优势与缺点，以便在日后编制乡村环保规划时予以借鉴。

第三节　乡村生态环境建设的措施

党的十八大报告中明确提出，要将生态文明建设放在突出的地位，并将其融入各个方面的建设之中。在其影响下，乡村建设中的环境治理问题被提到了一个新的高度，即要积极开展乡村生态环境建设。具体来说,可通过以下几个措施来促进乡村生态环境建设的有效开展。

一、要积极提高村民的生态环境意识

乡村生态环境的保护以及生态环境问题的预防与治理,最为关键的是积极提高村民的生态环境意识,使其能够真正参与到乡村生态环境保护之中,并像爱护自己的生命财产一样对乡村的生态环境进行爱护,这样乡村的生态环境定能得到有效保护。

在对村民的生态环境意识进行提高时,可以通过对村民进行生态环境教育与宣传的方式进行,并积极在乡村营造一个学习生态环境保护知识和政策、"人人关心环境和人人参与环境保护"的氛围。

二、要积极完善乡村的生态环境保护政策

积极完善乡村的生态环境保护政策,也是促进乡村生态环境建设有效开展的一项重要举措。通过对乡村生态环境保护政策的不断完善,能够促使乡村的生态环境保护逐渐走向制度化的轨道,继而切实保护乡村的生态环境,在乡村生态环境出现问题时能够有章可循。而在完善乡村的生态环境保护政策时,可具体从以下几个方面着手。

(1)积极制定完善的乡村生态环境规划政策,以保证乡村生态环境规划的科学性、合理性与有效性。

(2)积极制定完善的乡村村民自主治理生态环境政策,以有效调动起村民参与乡村生态环境保护的积极性与主动性。

(3)积极制定完善的乡村生态环境纠纷处理政策,以保证乡村生态环境纠纷事件能够得到有效解决。

(4)积极制定完善的乡村生态环境补偿政策,以有效调节乡村生态环境保护与建设各利益相关者之间的关系,切实促进乡村

生态环境的有效保护。

三、要切实开展乡村生态环境综合治理工作

乡村生态环境综合治理的内容是极为复杂的,涉及污染治理、生活垃圾治理、水土流失控制、生态农业发展等。通过乡村生态环境综合治理工作的有效开展,能够不断提高乡村生态环境建设和保护的整体水平,继而促进乡村经济的迅速发展以及村民生活水平的不断提升。因此,在开展乡村生态环境建设时,有效开展乡村生态环境综合治理工作是十分必要的。

四、要积极完善乡村生态环境保护的法律法规

乡村生态环境建设的有序开展,离不开一定的法律法规的支持。也就是说,乡村生态环境问题需要借助于法律手段进行治理,因而要积极完善乡村生态环境保护的法律法规,以保证乡村生态环境建设能够有法可依、依法治理。

在对乡村生态环境保护的法律法规进行完善时,可具体从以下几个方面着手。

(1)在立法方面,要切实遵循乡村的自然生态规律和经济发展规律,并从乡村的生态环境现状和问题出发,按照实现乡村生态环境法制化的要求,通过科学、民主的立法来逐渐建立健全乡村生态环境保护的法律法规体系;要切实改变"以罚为主"的立法观念,不断加大对破坏乡村生态环境行为的惩处力度;要积极完善乡村生态环境保护的法律法规体系,并使其逐渐成为一个独立的法律法规体系。

(2)在执法方面,要不断健全乡村生态环境保护法律法规的执法体制,确保有法必依;要不断提高乡村生态环境保护法律法规的执法水平,做到执法必严、违法必究;要不断完善乡村生态环境保护法律法规的执法责任制,确保执法责任明确。

（3）在法律监督方面，要不断健全乡村生态环境保护的执法机构，并切实对乡村生态环境保护法律法规的执法情况进行有效监督。

五、要不断完善乡村生态环境保护的监督体制

对乡村生态环境保护的监督体制进行完善，可以使乡村生态环境保护综合机构得到不断健全，还能使各级政府进一步明确自己在乡村生态环境保护中所承担的责任。因此，不断完善乡村生态环境保护的监督体制是促进乡村生态环境建设有序展开的一个重要举措。在对乡村生态环境保护监督体制进行完善时，可以具体从以下几个方面着手。

（1）不断完善乡村生态环境保护组织机构，这是乡村生态环境保护工作得以顺利进行的最基本保障。

（2）不断完善乡村生态环境保护责任制，即要进一步明确各级政府部门的领导在乡村生态环境保护中所应承担的职责。

（3）不断完善乡村生态环境保护的社会监督机制，以吸收更多的人参与到乡村生态环境保护之中。

六、要不断加大乡村生态环境保护的资金投入

乡村生态环境保护事业的顺利进行以及乡村生态环境问题的有效治理，都离不开资金的有力支持。

长期以来，乡村生态环境保护的资金投入不足，导致乡村生态环境保护事业的发展受到了很大制约。要改变这一状况，国家必须要不断加大对乡村生态环境保护以及乡村生态环境保护设施建设的财政资金投入，并积极引导银行、民间资本等逐渐参与到乡村生态环境保护的资金投入之中。

七、要积极转变乡村的发展模式

乡村发展模式的改变,是乡村生态环境建设能够顺利开展的一个重要保障。而要积极转变乡村的发展模式,就要大力发展无公害的生态农业,减少化肥、农药、农膜等的使用量,确保食品的安全;要大力推动乡村经济发展逐渐从粗放的、不持续的方式转变为集约的、可持续的方式,促进清洁生产的有效实施。

八、要建立有效的乡村生态环境事故应急预警体系

乡村生态环境保护事关广大村民的切身利益,且有着十分广泛的影响范围。因此,建立有效的乡村生态环境事故应急预警体系,提前做好乡村生态环境事故的应急处理措施,以确保乡村重大生态环境问题能够得到及时、有效、安全的解决是十分重要的。

乡村生态环境事故包含的类型很多,如水污染事故、大气污染事故、固体废弃物污染事故等。当这些事故发生时,必须采取以下的应急处理措施。

(1)尽快赶赴事故现场,并采取果断措施防止事态的进一步扩大。

(2)及时对事故的原因、现状以及处理情况等进行披露,以引导村民正确对待事故。

(3)针对具体情况采取具体措施,并尽快明确事故责任。

(4)依法公正地处理事故,以免事态进一步恶化。

九、要不断完善乡村生态环境建设的人才体系

乡村生态环境建设的顺利开展以及乡村生态环境问题的有效治理,都离不开环保人才。因此,要建设新农村,改善和保护乡村生态环境,解决乡村生态环境问题,必须要积极培养一批环保

型人才。为此,需要进一步完善环保型人才的培养政策,并积极引导环保型人才进入乡村,扎根乡村,为乡村生态环境保护做出重要贡献。

十、要不断加强乡村的生态文化体系建设

不断加强乡村的生态文化体系建设,也能够促进乡村生态环境建设的有效开展。具体来说,可从以下几个方面着手来促进乡村生态文化体系的建设。

(1)积极引导村民树立起乡村生态文明主流价值观,并切实形成乡村生态环境意识。

(2)积极向村民开展生态文明宣传活动,引导村民形成普遍关注乡村生态文明以及乡村生态环境的局面。

(3)积极挖掘乡村的本土文化中所具有的生态内涵,并积极对其进行传承和发展。

(4)积极倡导村民养成生态绿色的生活方式和消费观念,并自觉抵制破坏乡村生态环境的行为。

第九章　社会主义新农村规划与建设

早在 20 世纪 50 年代,"社会主义新农村"这一概念就被提出来了。从 2003 年开始,中央明确强调"三农"问题是国家建设的重点,党的十六届五中全会进一步提出建设社会主义新农村,以推进现代农业建设,全面深化农村改革,大力发展农村公共事业,增加农民收入。社会主义新农村规划与建设的要求是"生产发展、生活宽裕、乡风文明、村容整洁、管理民主",本章重点讲乡风文明、村容整洁、管理民主。另外,随着人口老龄化社会的到来,家庭结构小型化,农村社会的发展现实要求构建新型农村养老保障模式。作为社会公共事业的重要组成部分,农村养老保障事业理应成为社会主义新农村规划与建设的内容。

第一节　乡风文明

乡风文明是建设社会主义新农村和谐社会的重要体现,是精神文明建设的组成部分。它指的是农民群众的思想、文化、道德水平不断提高,在农村形成崇尚文明、崇尚科学的社会风气,其本质是推进农民的知识化、文明化,实现"人"的全面发展。我国广大农村地域辽阔,无论是自然条件,还是经济、历史文化发展,都有很大差异。近年来,随着我国经济水平和城市化水平的迅速提高,农村人口流动性增强。同时,乡村经济和社会收入分配形式多样化,农民内部收入的差距也更加凸显,农村社会文化风气呈多元化趋势。此时,农村社会文化阵地需要主流文化的引导,加强乡风文明建设也就成为新农村精神文明建设的重要内容。

一、乡风文明规划的意义

对于乡规民约而言,乡风文明规划有利于调解矛盾;凝聚村民的公共意识;威慑和批评不孝行为,维护老年人合法权益。社会秩序往往因为纠纷而被打破,而调解则是地方性秩序得以建构的核心特征。乡规民约多是为了解决乡间的纠纷而设立发展出来的,其主要形式是"说法教育"。乡规民约是中国农村的自发秩序规范,是根植于村落共同体中的相互依赖与相互帮助的社会风尚。因此,乡规民约凝聚着村落集体的认同,能够有效营造集体感,从而有利于凝聚村民的公共意识,促进乡村文明的建设。市场经济在很大程度上对农村传统礼俗造成了冲击,类似于子女对老人的不孝行为等农村家庭问题,他人一般不好过问,也不愿意管,法律法规更不可能事无巨细地对之做出详细的规范。此时,乡规民约就起到协调家庭矛盾的作用,威慑和批评不敬老的行为,协调村民之间的矛盾、婆媳之间的矛盾等。

对于农村社群文化组织而言,乡风文明规划有利于农村走出文化困境,有利于形成良好的公共舆论氛围和村风村貌,有利于宣扬党的方针政策。农村社群文化组织的成立,可以引导、组织农民锻炼身体,摒弃落后的生活方式。农村社群文化组织编制的节目和活动多具有大众文艺特色,因此,能够调动农民参与的积极性,愉悦身心。农民社群文化组织表演的节目形式多种多样,有戏曲、二胡独奏,还有唢呐单吹、秧歌舞、打腰鼓、地方戏、快板等,多反映劳动场景、农村生活方式、农村的风土人情等,艺术性、娱乐性强,表达了农民的文化需求。农民社群文化组织的节目反映农村中的新气象、好人好事,有利于塑造良好的农村公共舆论、建设文明乡风。农民文艺队的节目丰富多彩,有的体现劳动人民生产、生活方式,有的则弘扬良好的社会风气,宣传党的好政策。2015年3月,云南省楚雄州姚安县栋川镇徐官坝村举办了以宣传党的十八大精神为主题的文艺晚会,用花灯歌舞宣讲党的理论方针,如演员演唱"十八大精神暖人心,人民二字牢记心"。农村建沼气给农民带来了实惠,一些农民文艺队还据此编唱了腰鼓快板《说沼气》:"我大队建沼气,省工省钱又省力,家家户户都满意。开关一拧火苗旺,做的饭菜香又甜。抽出空来搞宣传,积极努力去锻炼。不得病来身体好,要为人民立功劳,吃得好穿得好,小康路上洋道道。"农村文艺队,已成为宣传产业发展、清洁乡村、新农保、新农合、计生、法律等信息的有效渠道。

二、乡风文明规划的内容

社会主义新农村建设中乡风文明的侧重点是"乡风",落脚点是"文明",其涉及的内容主要体现为村庄的文化与法制建设、移风易俗、社会治安等方面。乡风文明重点可从乡规民约和农村社群文化组织这两大方面来规划。

乡规民约是广大农村地区约定俗成的传统习惯。中国社会幅员辽阔、民风各异,正所谓"百里不同风,十里不同俗",不同的社会民风营造出不同的地方秩序,进而形成了各地不同的社会规范体系,即乡规民约。乡规民约是农村历代人民沿袭下来的,不是国家正式的法律制度,但同样可以有效约束农民的行为。乡规民约是长期发展出来的,为农民认可和接受的行为规则,本质上是一套道德教化的仪式,用以教化、组织以及鼓励人们相互和谐生活,与国家正式颁布的法律一样都是社会约束机制,只是管辖的范围局限于乡村。

农村社群文化组织是一种非营利性组织,它可以满足农民在日常生活中的社会性、文化性、群体性需要,如农村文艺团体、老年人协会等。农村社群文化组织作为开展群众文化活动的农村组织、非政府组织,具有传承历史文化遗产、提供农村(准)公共文化产品、发展农村文化产业、促进农村和谐的作用。农村社群文化组织的发育,是加强农村公共文化建设的表现,也是形成村庄共同体意识,为乡村公共问题的低成本解决提供文化舆论支持的表现。因此,政府可有选择、有目的地支持一部分农村社群文化组织发展,利用其自治特点,形成一种"政府低投入、农民得实惠"的农村文化建设模式。农村社群文化组织可以充分利用农闲、节日和集市,组织开展花会、灯会、赛歌会等健康有益的大众广泛参与的文化活动,振奋农民精神,活跃农村公共娱乐生活,营造健康向上的公共舆论。农村社群文化组织还可以适当结合现代表演和竞技规则元素,组织乡村歌舞曲艺、婚俗礼仪、耕作编织、家禽饲养、体育游戏等,将乡村日常习俗和生产活动提升为一种演艺竞赛,丰富乡村民众文化娱乐生活,并可以成为特色观赏项目。福建福鼎管阳自发举办的斗牛比赛,是水牛之间的力量和耐力的较量,场面激烈,极具观赏性。每当举行斗牛赛事,附近的乡村居民都聚集到赛场,气氛热烈,已经成为当地乡村文化生活的一大盛事。

三、乡风文明规划的注意事项及实行措施

乡风文明规划的实行,前提是要尊重农民的传统文化习俗,尤其是要重视乡规民约。乡规民约毕竟是几代村民根据本地社会政治、经济以及环境等多方面创造出来的制度和文化,表达了村民的真实需求和理性目标。因此,乡风文明规划相关政策的制定者应充分考虑村民的传统文化习俗,尊重村民,使政策更加符合乡村的实际需要,激发村民自觉参加新农村建设的积极性。

乡风文明规划的实施,应借助既有的村庄资源,以较低的成本组建农村文艺组织。乡村文艺资源包括宗教、亲族和经济能人等,如果能加以合理利用、引导,则有利于农村文艺组织的本土化、大众化,有利于合作,更有利于降低社群文化组织成本。值得注意的是,发挥民间艺人在活跃农村文化生活、传承民间文化方面的积极作用,激发农村自身的文化活力,在新农村文化建设中尤为重要。湖北宜昌三峡地区民间说唱艺人刘德芳,能讲几百个

民间故事,会唱许多民歌和多部长篇丧鼓词,还会表演一些花鼓戏和皮影戏剧目。为了充分发挥这位民间艺人的潜能,当地成立了"刘德芳民间艺术团",依托三峡旅游景观,开展经常性的民间文学演唱活动。

农村文艺队等社群文化组织能够以较小的成本使农民获得较大的精神满足,但是其建立和发展需要政府给予一定的经济支持。对此,政府可将农村社群文化组织纳入农村公共文化服务网络之中,保障农村社群文化组织成员的工资、福利待遇,切实帮助其解决生活中的实际困难。

艺术表演设施、学习阅览设施、体育运动设施、学习娱乐设施等是乡村文化的基础设施,它们既是农村文化建设的物质载体,又是农村文化事业发展的重要标志,更是宣传、教育、组织、发动群众不可或缺的物质条件。因此,政府应该加大对乡村文化基础设施的投资,通过各种形式吸引社会资金。政府也可以和企业、个人联合开发,以持久稳定的方式进行转移支付,构建农民大众的精神文明,促进农村和谐发展。

第二节　村容整洁

村容整洁是社会主义新农村的外显状态,是农民生活的环境条件。随着新农村建设的不断推进和农村经济的快速发展,农村环境问题日益突出,一些农村环境问题已经危害到了农民的身体健康和财产的安全。社会主义新农村建设要求的村容整洁就是要从根本上治理农村脏、乱、差的状况,配备完备的基础设施,使农村生态环境和人居条件不断得到改善,构建人与自然和谐统一的人居环境。

一、村容整洁规划的意义

村容整洁规划的意义在于其利于创造良好的人居环境,有利于节约自然资源,有利于向农民灌输保护环境的观念。

(1)农村人居环境的整洁既可以为村民创造一个健康生活的居住环境,实现人与环境的和谐、人与人的和谐,为村民提供一个良好的持续稳定的人居生态环境系统,为全面建设小康社会奠定良好的基础。

(2)村容整洁的规划可以充分利用资源,减少浪费。作为一种高效益的生产方式,农业清洁生产既能预防农业污染,又能减低农业生产成本。它对物质转化和能量流动全过程采取的措施是战略性、综合性、预防性的,从而提高了物质和能量的利用率,能有效缓解农业生产活动对资源的过度使用及对人类和环境危害的风险。农业清洁生产综合利用资源,代用短缺资源,二次利用资源,循环利用资源,因此能够大大地降低对资源的损耗,延缓资源的枯竭,促进农业的可持续发展。另外,农业清洁生产能有效减少农业污染的产生、迁移、转化和排放,让农业生产和消费过程与环境的相容度更高。

(3)农村公共环境卫生的好坏直接关系到当地居民的身体健康,也能够反映当地居民的文明素质和整个"新农村"环境管理建设的成果。生活在舒适健康的环境里,农民的环境卫生意识无形中也会提高,思想观念和生活方式也会发生改变,农民文明卫生的生活活动行为又可以成为居住区亮丽的风景线,从而也有利于提升农民的人居环境品位。

二、村容整洁规划的内容

村容整洁规划的重点内容主要包括农村人居环境建设、农业清洁生产。

(一)农村人居环境建设

针对我国农村现存的资源利用不合理、生活条件贫乏、聚落零乱等主要问题,现阶段我国农村人居环境规划的核心领域集中在农村卫生条件整治、居民点设计、绿化景观建设等方面。由于本书其他章节已经就居民点设计、绿化景观建设进行了详细的阐述，这里主要说卫生条件整治。

农村人居环境卫生条件整治具体内容包括卫生设施建设、废弃物处理与循环利用。

（1）卫生设施建设。在基础设施建设中，要特别重视农村卫生设施的建设。以沼气池卫生厕所为核心的卫生系统，可以再度利用废弃物，优化环境；提供能源，保护植被。生活污水处理应与当地的生态农业相结合，实现污水回收再利用，使污水处理成为生态农业的一个组成部分。

（2）废弃物处理与循环利用。农业生产的废弃物主要包括作物秸秆、人畜粪便以及生活垃圾。垃圾中的有害物质会破坏土壤的生态平衡、降低土壤肥力、影响作物生长。目前，农村垃圾主要采取填埋、自然堆放等处理方法，天长日久侵占了很多土地，不仅影响农业生产，而且不卫生，破坏乡村景观。农村废弃物既是严重的污染源又是宝贵的资源，如何合理利用对建设良好的农村人居环境和乡村景观具有重要的意义。农村废弃物循环利用是根本，对其分好类，然后再进行资源化处理；完善基础设施，储存好区域内废弃物，对建筑材料进行分类/再利用，将垃圾量最小化，注意收集有毒物质，综合利用秸秆等。

（二）农业清洁生产

农业清洁生产使用的农业生产技术实用、生产管理方式科学，既可以满足农业生产需要，又可合理利用资源并保护环境。它不完全排除化学农用品，但使用时更多地考虑其生态安全性，注重对环境的友好，减少污染，减少对环境和人类的风险，实现社会、经济、生态效益的持续统一。

农业清洁生产包括清洁的基地生态环境、清洁的投入、清洁的生产过程、清洁的产出。农业生产的基地，无论是水质、土壤，还是大气等方面，都应符合国家的基地环境质量标准。清洁的投入,不但包括对农业、农膜、饲料、兽药的投入,还包括加工过程中对添加剂的投入。清洁的生产过程,即生产和加工过程中采用清洁的生产程序、技术与管理,尽量少用甚至不用化学农用品,减少对生态环境的负面影响,保证农产品的安全。清洁的产出,即清洁的农产品,在食用、加工过程中对人体健康、生态环境没有危害。总之,农业清洁生产对农业生产的各个环节进行控制,重点突破农业清洁生产关键共性技术,综合应用节水、节药、节肥、节能、节地等可持续农业技术,建立可持续发展的系统体系。只有将农业清洁生产技术贯穿生产全过程,才能真正把农业清洁生产落实到行动上。

三、村容整洁规划的措施

依据上述村容整洁规划的内容,采取相应的措施。

(一)农村人居环境规划措施

农村人居环境规划措施具体可包含以下三方面。

(1)从意识、观念上入手,建立公众参与意识,加强宣传和教育观念。农村人居环境建设规划服务于农村的生产和生活,涉及政治、经济和文化各个层面。规划的实施也必将要改变原有的农村人居环境格局,使得原有利益分配发生变化。因此,在进行农村人居环境规划时,要充分尊重村民的意愿,在规划前要充分提出村民的意见、建议,请村民代表和村干部参与规划,并提供规划需要的有关资料。规划的成果,也应提请村民委员会审议并公示。把农村人居环境规划的决策权交给村民,切忌"一刀切""一阵风"。另外,大多数农村居民缺乏正确的环境建设意识,因此,在进行农村人居环境规划与建设时,应加强对农村居民的环境价值的宣传与教育,使他们认识到农村人居环境建设不仅仅是改善生活居住环境和保护生态环境,还与自身经济利益密切相关。

(2)制定农村人居环境建设指标体系。与国外相比,我国关于农村人居环境建设的研究还比较少,缺乏系统性,农村人居环境建设很多相关内容都没有考虑到,如人居环境的生态性、农村废弃物再循环利用、农村能源节约利用、农村景观保护等。对此,我们应该积极对国外理论和实践加以借鉴,结合我国农村环境的实际情况,探索适合我国农村人居环境建设的理论与方法体系,提取出一套成系统的、科学合理的指标,更好地指导农村人居环境的规划建设。

(3)构建农村人居环境建设规划与实施体系。农村人居环境规划建设要符合农村实际,满足农民需求,体现乡村特色。规划编制要深入实地调查,坚持问题导向,做好与土地利用总体规划等方面的衔接。规划的依据是农村人居环境的结构、生态过程、社会经济发展以及未来发展需求,这就要求全面分析和综合评价农村人居环境和自然要素,考虑社会经济的发展战略、人口问题,同时还要做好环境影响评价。规划内容要明确公共项目的实施方案,就村民建房质量和风貌管控提出具体要求,必要时可纳入村规民约;充分结合发展现代农业的需要,合理区分生产生活区域,统筹安排生产性基础设施。要建立一种综合运用不同知识的规划和实施体系,考虑不同利益集团的共同参与和协作,建立规划循环体系,使规划实施尽量吻合规划的预期目标。具体包括以下几个阶段:第一,农村人居环境现行状态的分析。根据不同村庄人居环境现状,分类确定规划重点,分步实施。第二,确定整体方向、布局和发展战略。第三,农村人居环境建设技术的选择,既要考虑经济发展成本,又要考虑社会、生态效益。第四,利益集团、政策制定者和不同部门之间讨论方案,就目前的问题和未来可能出现的情况提出可实行的措施。第五,实施方案。第六,设立激励政策和监督体系。

(二)农业清洁生产规划措施

农业清洁生产规划措施具体可包含以下四方面。

(1)启动生态补偿政策,支持发展农业清洁生产和绿色产业。

2007年9月,国家环保局倡议开展生态补偿试点工作。2008年和2009年的中央一号文件都特别指出,要"建立健全森林、草原和水土保持生态效益补偿制度,多渠道筹集补偿资金,增强生态功能",要"提高中央财政森林生态效益补偿标准,启动草原、湿地、水土保持等生态效益补偿试点"。2011年,第十一届全国人大四次会议审议通过的"十二五"规划纲要专门阐述了建立生态补偿机制问题。2012年,党的十八大报告明确要求建立体现生态价值和代际补偿的资源有偿使用制度和生态补偿制度。根据中央精神,近年来,各地区、各部门在大力实施生态保护建设工程的同时,积极探索生态补偿机制建设。例如,2014年10月,苏州市公布施行了《苏州市生态补偿条例》,进一步明确了生态补偿资金的范围、补偿对象、申报制度等。此外,各级政府还应制定激励开展农业清洁生产和绿色产业发展的经济政策,设立生态农业与农业生态环境保护基金,用于扶持生态农业及其相关产业。在实践中应大力推行保护性耕作机械化技术,同时倡导发展循环农业,通过推广"沃土工程"、乡村清洁生产工程及测土配方施肥等工程技术手段,降低农业生产成本,实现农业节本增效。支持生态型农业龙头企业,促进农业与食品工业一体化发展,重点支持大规模绿色基地、绿色食品产业、绿色生产资料产业等。

（2）健全农业清洁生产的服务体系。提倡、引导农业清洁生产,还应提供相应的服务,建立完善的农业清洁生产的服务体系。例如,监测农业环境和农产品安全的数据库和网络体系,管理农产品安全的体系。农产品市场流通体系,建设好绿色运输通道,促进农产品流通。从1995年起,全国先后建成了山东寿光至北京、海南至北京、海南至上海、山东寿光至哈尔滨四条蔬菜运输"绿色通道",穿越全国18个省（市、区）。2005年交通部联合其他多个部门制定了《全国高效率鲜活农产品流通"绿色通道"建设实施方案》。2009年交通部又下发《关于进一步完善和落实鲜活农产品运输绿色通道政策的通知》,明确要求,各地对确定的国家"五纵二横"鲜活农产品运输"绿色通道"。2010年12月开始,"绿色通道"扩大至全国所有收费公路,而且减免品种进一步增加。除流通方面的服务外,还应强化农业技术服务体系,以创新技术服务人才的管理运用体制为突破口,探索科学有效的技术服务模式。

(3)增加绿色农业科技的投入,提升农产品清洁生产技术。第一,充分挖掘现有品种、技术、成果的生产潜力。就技术创新而言,要以绿色产能的增长接替边际产能的退出,提升绿色农产品供给质量;要积极利用农业物联网技术,发展"智慧型"绿色农业。第二,加大新品种、新技术、新成果的引进和转化运用。第三,加强对农民的培训,以提高他们的文化素质和技术水平。培育新型职业农民,将农民的科技需求与农业技术推广计划进行有机结合,以实效为目的,探索建立新型职业农民培育机制。第四,大力建设科技示范基地,引导优势农业科教单位和专家学者深入生产一线,及时发现产业发展中面临的实际问题,使农业科研更有针对性。通过科技示范基地培育科技示范户和带头人,发挥示范带头作用。

(4)加大对清洁生产和绿色产品的宣传力度,使村民形成绿色生产观念,让消费者形成绿色消费的观念。可以向农民发放农业清洁生产技术手册、图书和录像资料等,增强农民对农业清洁生产的认识和了解,激发他们参与清洁生产的积极性,争取他们的支持。针对消费者,则应通过各种渠道向他们宣传绿色产品的生产过程和消费过程的安全性,让生产者和消费者建立互信关系,促进绿色消费市场的发展。

第三节　管理民主

管理民主是调动农民参与社会主义新农村建设积极性的重要途径,也是建设社会主义新农村的重要保证。从整体上来看,我国的农村管理民主还处于起步阶段。为适应建设社会主义新农村的需要,应大力发展基层民主,维护好农民的切身利益,发挥好其主体作用,健全和完善新农村的民主管理制度。

一、管理民主规划的内容

农村管理民主主要包含民主选举、决策、管理和监督四个方面,而民主选举已通过《村民委员会组织法》顺利实施,当前重点是加强民主决策、民主管理和民主监督。鉴于此,以下重点从村民自治和参与式社区发展规划这两大方面来阐述社会主义新农村建设的管理民主。

(一)村民自治

村民自治就是本村事务由本村村民管理,实现村民自我治理。一般而言,村级治理就是通过村民自治来实现的。农村村级治理指由村级公共权力机构对农村公共事务进行自主管理的过程。村级组织通过动员村庄内外的资金和劳动力等因素,处理村庄公共事务,包括协办政府交办的政务。这能有效体现村级组织的治理能力。发展村民自治也就是发展村级治理能力。村级治理要通过民主、村民自治的方式和手段实现,并由此提高村庄自治组织治理能力,实现治理村庄的目标。实际上,农户生活质量的很多方面都离不开村庄有效的社区管理,如果村民和村干部能够有效合作,共同治理,可以大大提升村庄的社区质量,提升村民的生活质量。

(二)参与式社区发展规划

参与式社区发展规划是以社区为基础,以问题为导向,并就核心问题进行界定,分析核心问题相关联的问题,分析问题影响的群体;根据社区的资源潜力,确定社区发展目标;实施社区发展活动,让社区成员得以表达自己的愿望和需求。

参与式社区发展规划主要包括以下理论过程和步骤。

（1）社区基础材料的准备。这是社区发展规划的第一步，包括调查、整理。社区基础材料一般包括自然资源概括、社会经济概括。

（2）参与分析。这一步主要是对社区发展角色群体以及其他所有参与和介入社区发展的个人及组织进行分析，重点分析的是参与社区发展的农村妇女、儿童及农村青年。分析的目的是了解社区发展角色全体的需求和兴趣。对于兴趣相同的群体，应组织他们分析出其期望、资源、优势和劣势。社区发展规划工作者要注意倾听农民对自己长期生活环境的分析，看从他们自己的视角出发所认为的需求和兴趣是什么，激发他们参与社区发展的积极性。

（3）问题分析。在整个分析过程中，问题分析是最关键、最具有决定性的一步，因为后面的所有分析及设计都以问题分析的结果为基础。问题分析的方法是由社区发展角色群体找出他们认为的所有社区发展的问题，由社区发展规划工作者和社区发展角色群体一起系统地分析问题，找出核心问题，然后建立能反映问题间因果关系的问题框架。

（4）潜力分析。每一个问题本身都包含一个潜在的解决方案。列出所有已知的潜力后，结合所积累的信息和经验，确定社区潜在的资源潜力。这种潜力还可以进行等级划分，一般分为基础的、第一级、第二级、第三级等层次。例如，基础的潜力可以是现有的土地、自然资源、农村劳动力、农业技术员等，在此基础上就可界定出第一级潜力，如种植果树，再在此基础上界定出第二级潜力，如水果罐头、干果加工业等。

（5）目标分析。目标分析就是要分析通过解决存在的问题而有可能得到的将来的状况，由此确定社区发展的主要目标。目标分析的方法是把所有负面状况描述的问题转化为正面描述的目标，并按问题分析出所有可能的解决手段。

（6）选择（或方案）分析。依据列出的所有社区发展目标，结合现有的资源，通过选择分析来对发展项目进行优先排序，并确定出在特定的时期内社区发展的目标。方案分析需要用到一系列度量指标,如利益群体人数、地方的资源潜力、预期投入和预期产出之比等。

（7）规划书的撰写。社区发展规划书是一套详细的、完整的社区发展可行性报告。因此撰写规划书一定要注意可行性,其内容一般包括社区发展的目标、期望实现的成果、具体的操作过程、项目需要的投入等。

（8）规划的实施。将项目涉及的主体内容按项目规划书逐步实施。

（9）监测与评估。监测是一种管理手段,根据制订的计划来衡量、记录实施的进程。评估是根据规划出的社区发展目标体系来系统地、客观地分析实施活动的相关性、效率、效益及效用的过程。

（10）项目调整。规划的制定过程力求全面,但实际操作起来仍然会遇到诸多不确定因素,遭遇一些难题,导致无法实施,或者偏离预期目标,这时就需要根据问题的大小及实际情况做出相应的调整。

二、管理民主规划的措施

依据上述管理民主规划的内容,采取相应措施。

（一）村民自治规划的措施

村民自治规划的措施具体可包含以下四方面。

（1）设计村民自治的制度。村民自治的制度设计必须有利于调动村干部和村民们的积极性,使村干部的能力和努力获得合理回报,使村民对参与治理的预期收益提高。对此,政府就村庄公共物品的供给给予资金支持,给出详细的资金扶助政策,如怎样建立村庄公益金设施,村庄如何进行资金配套,村庄福利通过哪些具体途径获得等。资金申请条件与民主治理体制挂钩,以有效促进村庄自主治理能力,在广大农村公平分配国家资源,从而弱化当前的"人治"状态,从政府优惠政策中充分开发村庄的各类资源,使村庄治理水平也得以提高。

(2)明确农村公共物品各级供给主体的责任和权利,同时也明确村庄自我服务的能力和权力。例如,明确中央政府、省政府、县政府、乡政府和村委会在各级各类公共物品和服务方面应该负什么样的责任,有什么样的权力实现自己的责任,义务教育、合作医疗、道路建设等该由谁负责、落实。在界定公共物品的分配权力和责任过程中,可以使农民知道哪些事情找谁解决,自己该如何配合,该向谁求援等。

(3)村级治理要有自己的财务基础。无论是村庄基础设施还是集体福利,都需要有合法稳定的公共资金来源。村庄的公共资金来源一般是集体资源收入、村民集资和政府资助。集体资源收入的多少取决于村庄本身的资源禀赋;村民集资只在个别的情况下发生,而且数额不大;对很多村庄而言,政府资助是第一位或者第二位的收入来源。政府应该通过立法保障村庄的集体资源收入和集资收入,保障村庄公益金能够有比较稳定的来源。

(4)对村民启蒙民主权利意识的同时也要宣传权利让渡和合作意识。农村的民主管理并不是单方面强调民主,毕竟政治活动是人们之间的利益协调活动,因此,必须要注意启蒙农民的合作和让渡意识,否则村民自治也就不可能得到顺利开展。公益事业实现的是公共利益,但具体到个人就会有很大的不同,获益多与少,决定一些方案是否可以通过、执行。农村公共事业的建设不仅需要民主意识,而且需要各类利益群体的妥协和合作,需要群众树立让渡意识。

(二)参与式社区规划的措施

参与式社区规划的措施具体可包含以下三方面。

(1)赋予社区农民参与规划的权利。传统上,社区规划的决定权都在一些有知识、有权力的专家和领导手中,当地社区农民的真实需求被忽略,最终导致规划失败。不尊重农民的创造,不考虑农民的需求,只靠社区外的人,社区发展规划就是不完善的。社区发展权应该属于农民,让农民参与到社区规划中,和专家及领导一起决定规划的进程、资源的分配等,使社区发展规划具有可行性和可持续性。

(2)注重性别敏感分析。传统的社区规划经常忽视女性的需求,实际上,女性的认知和能力虽然不同于男性,但对社区经济、文化等方面的发展却有较大影响。因此,参与式发展规划应该始终将女性作为其重要的支持对象,强调每一过程都要有女性参与。

(3)外来专家和社区农民相互学习。参与式发展规划强调农民的自主性,强调社区发展角色群体的参与,但并不排斥专家的作用,而是将专家和社区农民的作用有机整合到社区规划中。专家和农民一起讨论问题,互相增加对社区的理解,专家从农民那里获取社区的历史资料,农民从专家那里学习到规划的专业知识,这样双向式的学习方式更有利于社区发展规划的顺利实施。

第四节 构建新型农村养老保障模式

在社会主义新农村规划与建设过程中,农村养老保障问题成为人们重点关注的问题,也是中国社会保障制度改革创新的主要方面和工作重点。中国现行农村养老保障制度的基本框架体系以家庭养老为主、其他保障(土地养老、社区养老、"五保户"制度、社会救济制度、农村最低生活保障制度、商业养老保险)为辅,尽管基本框架内容丰富,但根本不能满足中国农村老年人养老保障的需要。为了建设正规制度的农村养老模式,20 世纪 90 年代,我国首先在经济相对发达的地区进行农村社会养老保险制度改革探索,出台了《县级农村社会养老保险基本方案》,确定了农村养老保险制度的一些基本原则,随后在全国各地开展了改革试点。

但是,在我国养老保障制度改革过程中,存在照搬照套、不从本国的制度文化出发等弊病。因此,在构建新型农村养老保障模式时,应该要把"文化"制度化,从农村实际出发。

一、我国农村养老保障发展过程的历史分期探析

养老理念、敬老礼俗在中国源远流长,以家庭养老为基础的农村养老保障体系,对于推动我国各个历史时期的经济发展、社会稳定等方面发挥了积极的作用。以下就家庭养老保障为重点,阐述我国农村养老保障的历史变迁,为构建新型农村养老保障模式寻找历史根源和新的启示。

我国农村家庭养老保障的发展过程可分为形成期、促进期、强化期、维持期、争议期。

(一)形成期——先秦时期

原始社会后期,由于血缘婚姻制度的内在联系,人们在长期共同的生产生活中养成了相互扶助、相互关心的具有朴素的知足心理和自发形成的反哺行为。据《礼记》的记载,"凡养老,有虞氏以燕礼,夏后氏以飨礼,殷人以食礼,周人修而兼用之"。燕、飨、食等都是借祭祀鬼神之日,以宴会的形式编排长幼序列,演示敬老之礼。这是最原始的家庭敬老养老习俗的记载。到了周代,礼制逐渐健全、完善。周文王大力提倡敬老尊贤,社会盛行养老之风。孔子开创的儒家学派,对原始的"孝"的意识和传统礼制进行拓展和提升,将"事父母能竭其力""有事服其劳"作为"孝"道的基本要求,主张从物质上奉养父母和从精神上尊敬父母相结合,这标志着先秦时期我国养老保障的初步形成。

(二)促进期——秦汉时期

汉高祖时期,政府强调以孝治天下,孝道被提升到至高无上的地位。为了维护孝道的地位,汉武帝诏令"举孝廉",把"孝"作

为选拔官吏的标准,由孝劝忠。汉代还实行了一系列的养老、敬老的优抚政策,颁布养老法令,明确养老范围,以德行为标准遴选三老五更。养老政策如赐物制度、王杖制度、减免老人赋役制度、恤刑制度、对鳏寡老人救济、对退休官员的优抚等。以孝治天下的老年人养老主要依靠家庭,从而强化了家庭养老。

(三)强化期——魏晋到清代

魏晋南北朝时期,老人的地位进一步提高,政府给老年人必备的生活物品,授予爵位,还免除老年人的刑罚。80 岁以上的老年人,只要不犯诬告、杀人的罪,都不予以治罪。唐宋时期,敬老和崇文并举。朝廷还赐予老人一定的虚衔,使他们享有相应的荣誉和生活待遇。一些高龄老人还配备家庭服务人员。两宋时期,家庭中确立了家长独一无二的地位和绝对权威,以三纲五常为核心的封建伦理道德被绝对化,强调子女对父母无条件服从。政府在全社会营造尊老敬老的风尚,甚至有的普通读书人活到百岁便可享受官员退休的待遇。元明清时期,家长权威进一步强化。元代政府规定即使父母无理杀害子女,子女也要坦然面对。朱元璋本人也力行孝道,提倡忠君孝亲,规定可以减免老人家庭赋税。清代的《大清律例》甚至规定:"父母控子,即照所控办理,不必审讯。"

(四)维持期——近代

近代中国,儒家孝道受到猛烈抨击,尤其是三纲五常,批判者认为其抹杀了自由、平等、独立的基本人权,泯灭了年轻一代的个性。然而,在实际生活中,家庭养老却得到了进一步发展。近代中国战乱纷争,民生艰辛,国家无法承担赡养老人的责任,家庭成了动荡生活中较为安全的避风港,失去劳动能力的老人只能仰赖家庭养老。因此,在整个近现代社会,家庭养老处于维持期。

(五)争议期——新中国成立后

新中国成立后,农村家庭养老仍占主导地位,并在实践中形成了以家庭养老为主、以农村集体养老为辅的农村家庭养老保障制度。改革开放后,受"西化"思想的影响,不赡养老人的现象增多,同时计划生育政策的实施使家庭规模小型化,从而削弱了家庭养老的能力。于是,传统的家庭养老观念受到了前所未有的挑战和质疑,认为家庭养老是一种落后的保障方式,社会保障才是先进的,二者是对立的。目前,关于农村养老方式的选择仍然处于广泛的争议中,并将长期存在。

从现阶段来看,农村家庭养老功能虽然有弱化的趋势,但在广大的农村社会中,大部分农民仍然延续着几千年来的生活方式,家庭养老也保持着相当程度的延续性,其文化价值、生活照料、精神慰藉等方面的作用,使它不仅在过去、现在还是将来,都具有强大的生命力。

二、我国现行农村养老保障制度的基本框架及分析

我国现行农村养老保障制度的基本框架是以家庭养老为主、其他保障为辅。家庭养老是现阶段农民养老保障的主要方式,主要表现为绝大多数老年农民居住在家庭中,生活费、医疗费主要依靠家庭,靠家庭照料生活,人际交往以家庭为主,感情抚慰也主要来自家庭成员和亲友。

其他养老保障模式如土地养老、社区养老、"五保户"制度、社会救济制度和农村最低生活保障制度、社会养老保险、商业养老保险。其中,土地养老即通过土地所有权、土地经营方式、土地流转、产业结构调整等措施,为老人提供生活、医疗保障。土地是中国农民赖以生存的基础,也是农民养老的最可靠、最基本的保障。

总体上来看,现行农村养老保障制度具有以下几个基本特点:第一,农村社会养老保障水平低、覆盖率小。农村社会养老保障的对象限于"困难的人""光荣的人""富裕的人",农村大多数人还无法享受社会保障。另外,由于农村经济发展水平低,农民可支配收入水平更低,导致农民缴纳养老保险的能力和农民年老时

能够得到的保险给付水平都很低。第二,制度稳定性和可持续性较差。农村社会养老保险制度的建立、运行以及保险金的发放依据的是地方政府部门的一些规章制度,而不是依据严格的法律程序。农民和政府之间建立的契约关系是短期的,制度随意性大,因而也就难以持续。第三,管理水平低。无论是技术方面,还是政策方面,社会保险制度的管理要求都很高。国际上的做法是将征缴、管理、使用分离,相互制衡。而中国农村养老保险则将征缴、管理、使用集于一身,因而缺乏有效监督,挤占、挪用农村养老保险基金的情况时有发生。第四,现行制度不适应农村社会经济的发展。计划生育政策的落实,独生子女越来越多,而外出打工的人也越来越多,出现了很多空巢老人。随着农民观念和家庭规模的变化,传统的大家庭正在消失,加上农民人均耕地逐年减少,这些问题的出现都弱化了家庭养老的保障功能。

从老年人口供养的情况来看,家庭养老方式仍然是农村养老的主要形式。老年人或者是靠自己的劳动和以往收入的积累来自养,或者靠子女来供养,或者由配偶来供养,或者由其他直系、非直系亲属来供养。近年来,尽管存在一些新兴的养老保险形式,但从目前的情况来看,其覆盖率低,待遇也低。另外,受集体经济萎缩的影响,政府在农村养老中的作用正在减退。总之,目前我国农村养老保障制度还处于摸索阶段,还没有找到适合全国甚至各地区情况的保障方式。

针对目前农村社会养老保险的性质问题,社会各界有不同看法,"有的认为它是一种低水平的农民养老储蓄积累,有的认为是政府引导下的农民自我保障,有的认为是一种商业保险"[①]。尽管如此,大多数人还是主张现行制度框架下农村养老保障模式的基本走向为:逐步向扩面为主的城市社会养老保险制度靠拢,具体如图9-1所示。图中,农民保障特别是失地农民和农民工(图中的虚线所示)直接压向城镇保障体系,由此也使得城镇保障体系的

---

① 庹国柱,王国军.农业保险与农村社会保障制度研究[M].北京:首都经济贸易大学出版社,2002:390.

风险度增大。就纯粹农民本身的养老保障问题,相关研究则很少。

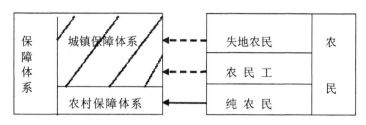

图 9-1　现行农村养老保障模式走向图①

一般的研究分析认为,要健全和完善农村养老保障制度,必须要具备一定的条件,如农民收入要达到一定的水平,农民有基本的风险意识,管理运行机制有效。对此,要构建新型农村养老保障模式,要考虑其与国家的农村政策相适应,与经济发展水平相适应,与中国的文化传统相吻合,与新型农村合作医疗、农村计划生育政策相配套等。

三、我国新型农村养老保障模式的构建

(一)新型农村养老保障模式构建的立足点

新型农村养老保障模式的构建,必须要立足于中国农村的制度、文化及家庭基础条件。

从总体上看,近年来,国际与国内养老保障制度正处于不断的改革和变动之中,对构建农村养老保障模式产生的影响主要有三方面:第一,国际上社会保障制度的"再商品化"改革浪潮,促使各国将政府的一部分养老责任转移到市场、家庭和个人身上,由此也更突出了个人和家庭在养老保障中的作用。第二,中国城镇职工养老制度改革过程中,出现个人账户"空账运行"的现象,这

---

① 　杨复兴.中国农村养老保障模式创新研究:基于制度文化的分析[M].昆明:云南人民出版社,2007:131.

促使改革更加重视做实个人账户,以强化个人在养老保障中的责任。第三,农村社会养老保险方案的改革实践,要求我们认真反思和积极探索农村养老保障的制度模式。

中华民族的传统文化无疑也对农民养老保障模式选择具有十分重要的决定性影响。农民在农村社会经济生活中的一切行为,无不受到农村村落文化的影响。村落文化既相互竞争又相互趋同,从而产生的"从众行为",可以促进也可以制约农民参加养老保障;村落文化具有规范的压力,可以促进农村养老保障模式的形成;与都市文化相比,村落文化有利于构建农村养老保障的纵向风险平衡机制。农民一般在家庭、家族、社区(村落)范围内生活,既受上下纵向关系的约束,又受横向个体关系的影响,这对构建农村养老保障的纵向风险平衡机制有重要的指导意义。此外,中华民族统一体中存在多层次的多元格局,这为构建一个分层次、多元化的中国农村养老保障模式提供了思考问题的坐标体系。农村养老保障模式的选择,必须要立足于农村基层社会的基本特点,考虑经济因素以外的文化因素。

中国以家庭(包括家族、宗族)为轴心的社会结构,决定了家庭成为处置社会风险的基本单位,也自然成为构建新型农村养老保障模式的基础。近年来,中国家庭规模越来越小型化,出现了分居式养老,但是小家庭仍然依托于"大家庭"实现新型家庭养老。很明显,家庭仍是农村养老保障的基础,也是农村养老保障的基点。

(二)新型农村养老保障模式的基本框架

中国是一个发展中国家,农村人口在全国人口总数的占比约为60%,大多数农村地区尤其是中西部地区的经济发展水平不高,区域发展十分不平衡。因此,构建新型农村养老保障模式必须要从农村实际出发,要分层次、多元化。分层次即项目、对象上的分层次,多元化即多元主体支撑。这也是新型农村养老保障模式的制度框架。

关于分层次,从保障项目来看,应包括养老、医疗、救济三个项目;从养老方式来看,还包括家庭养老、社区养老、社会养老(图9-2)。随着各项改革的推进与社会主义市场经济体制的逐步建立和完善,传统的农民概念也持续了分化,其包含失地农民、进城农民工、乡镇企业职工、纯粹务农农民等。借鉴有关部门提出的三个层次农民养老办法的制度设计,农村养老保障对象也分为三个层次,如图9-3所示。针对纯粹务农农民推行创新模式,建议实行以粮食作物、经济作物换保障等实物或缴纳现金的方式建立起个人养老金账户。针对失地农民,可强制性纳入社会养老保险的范畴,或实行农村最低生活保障制度等方式,将他们纳入相应的保障范围。针对农民工,可实行缴费确定型的完全储备积累的制度模式。

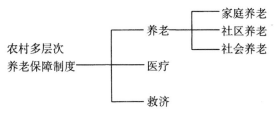

图 9-2　农村养老保障项目方式

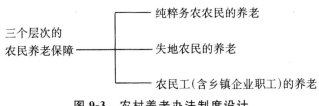

图 9-3　农村养老办法制度设计

关于多元化,新型农村养老保障模式需要多元主体支撑,需要筹资主体的多元性、养老方式的多元性。在大多数发展中国家里,政府只针对正规部门的就业者提供养老金,覆盖面狭窄。很多农村老年人由于受经济和其他条件的限制,养老方式越来越多元化,但也仍然以家庭养老为主,和其他多种养老方式进行组合,如"家庭养老＋土地保障""家庭养老＋社区保障""家庭养老＋社会保险""家庭养老＋个人储蓄""家庭养老＋社会救助"等。

立足于中国的历史文化传统和农村社会经济发展实际,学者杨复兴将新型农村养老保障模式的基本内容概括为:以家庭保障为主,以家庭家族为主线,建立农民个人养老账户制度,纵向分散风险的养老保障制度。针对区域发展水平差异的情况,建议实行东部以缴费为主,中西部以国家补贴为主的缴费原则,推行梯度缴费机制,逐步实现社会保障制度的公平发展。新型农村养老保障模式中,要进一步明确各级政府的职责,加大政府的财政支持力度;必须要做好农村养老保障与新型农村合作医疗、农村社会救济等保障项目的衔接工作。只有各项保障制度相互配合、相互衔接,才能实现农村老年人老有所养、老有所医、老有所为、老有所乐。

第十章 新时期乡村建设的评估与保障

新时期,乡村建设在全国各地纷纷兴起,为有效推动乡村建设的发展进程,应建立一套指标体系并制定相应的评价标准,明确乡村建设的内容和目标,进而对乡村建设情况进行科学评价和有效指导。此外,还应建立一套系统的保障措施,为乡村建设顺利开展奠定坚实的基础。本章主要对新时期乡村建设的评估与保障进行具体分析。

第一节 乡村建设的执行情况与综合效益分析

一、乡村建设的执行情况分析

对乡村建设的执行情况进行分析,首先,要构建完善的评价指标体系;其次,运用科学的评估方法,对乡村建设的执行情况进行衡量。

(一)评价指标体系的构建

乡村建设是一项系统工程,涉及政治、经济、文化、社会保障、生态环境等各个方面,因此,在对乡村建设执行情况进行分析时,不能仅仅依据一个或几个评价指标,而应建立一个完善的评价指标体系。在构建乡村建设评价指标体系时,要在对指标进行确定的基础上完成体系的构建。

1.指标的确定

确定乡村建设的评价指标应遵循以下几个原则。

(1)系统性原则。乡村是一个综合性的概念,涉及多方面的内容,因此,在构建乡村建设评价指标体系时需要把乡村作为一个系统进行分析。指标体系应是综合性、多层次、全方位的,既要体现乡村建设各个方面的发展要求,又要考虑这些指标的实现途径。另外,各指标之间既相互联系,也存在一定的区别。将这些反映乡村建设水平的不同指标进行分类整合,就构成了乡村建设的整体系统。

(2)层次性原则。乡村建设评价指标的确定应遵循层次性原则,避免一级指标和次级指标出现在同一级系统中。具体而言,乡村建设的评价系统主要包括三个层次:第一层次是乡村建设的总目标,也就是明确乡村建设的整体水平;第二层次是子系统层,包括生产、生活、文明、村容、管理五个要素;第三层次是第二层次下的具体指标层。

(3)可操作性原则。理论建设主要是为了指导实践,因此,理论必须要简单明了,容易操作。这就需要在确定评价指标时,要充分考虑指标的可选取性,资料是否容易获得。

(4)可比性原则。我国地域辽阔,不同地区的经济发展程度不同,农村生产力发展水平也不同。因此,在确定乡村建设评价指标时要充分考虑这种差异性。只有这样,才能够有针对性地制定乡村建设对策。需要注意的是,乡村建设评价指标体系并不仅仅是对某一区域内空间地域进行横向比较,还要对区域不同时间进行纵向比较,构建的指标体系只有具有可比性,才更具有可适用度。

(5)发展性原则。乡村建设不是静止不变的,而是处于动态发展之中,这就决定了乡村建设评价指标也要具有发展性,能够综合反映社会现状和发展趋势。因此,在确立各项评价指标时,要考虑社会发展动态,用发展的眼光看待问题,使之成为一个不断发展的评价系统。

（6）导向性原则。对乡村建设进行评价，不只是评价目前各地乡村建设是否"达标"，更重要的是"引导、帮助被评价对象实现其战略目标以及检验其战略目标实现的程度"[①]。因此，在确立乡村建设评价指标时要遵循导向性原则，对农村农业发展进行有效的指导。

2.体系的构建

乡村建设规划的任务是评价指标体系构建的主要依据，通过阶段性评估，明确各个任务或指标的完成情况，将其作为乡村建设执行情况评估的主要部分。

乡村建设的内容十分丰富，涉及农村政治、经济、文化、社会等多个方面，因此乡村建设评价指标体系也应是一个多层次、多因素的体系。指标体系的制定主要依据新农村建设的科学内涵，由一组相互关联、具有层次结构的子系统组成。通过对乡村建设内涵、目标、任务进行分析，可以得知指标体系主要包括四个层次：第一层次是对乡村建设进行总体评价。第二层次是产业发展、生活舒适、民生和谐、文化传承、支撑保障的具体形态。第三层次是第二层次的子系统细分。第四层次是各子系统下设立的具体指标。下面对体系的构建进行具体分析。

（1）产业发展。

①产业发展形态。主导产业明晰、产业集中度高、每个乡村有1～2个主导产业；在当地形成一个完整的产业链条，并不断进行拓展；当地农民（不含外出务工人员）能够从当地主导产业中获得较高的经济收入。

②生产具体方式。按照"增产增效并重、良种良法配套、农机农艺结合、生产生态协调"的要求，不断完善农业基础设施，普及标准化生产技术。

---

① 唐珂.美丽乡村建设理论与实践［M］.北京:中国环境出版社,2015:188.

③资源的利用。资源利用要做到集约高效,能够对农业废弃物进行回收利用。

④经营服务。建立健全农业经营服务,农业生产经营活动所需的政策、农资、科技等服务要做到位。

(2)生活舒适。

①经济水平。不断提高农民的经济收入水平,改善农民的生活状况。

②生活条件。完善乡村公共基础设施,对乡村景观进行合理规划设计,营造良好的乡村生活环境。

③居住环境。推广节能建筑、普及清洁能源、广泛使用生活节能产品、完善环境卫生配套设施,进而改善乡村居住环境。

④综合服务。完善交通服务、商业服务、生活服务,提升村民的满意度。

(3)民生和谐。

①权益维护。在乡村建设中,要保障村民的权益不受侵害。

②安全保障。乡村的社会治安要良好有序,无违法犯罪事件发生,无生产和火灾安全隐患。

③基础教育。完善教育设施,全面普及义务教育,保障适龄儿童接受教育。

④医疗养老。健全医疗卫生设施,完善养老保险机制,对老弱病残贫等问题进行很好的解决。

(4)文化传承。

①传统风俗。积极发扬崇尚科学、明理诚信、尊老爱幼、勤劳节俭、文明和谐的优良传统。

②农业文明。对农业生产习俗、农民艺术、农谚民谣、农业文化遗产等进行有效保护和传承。

③文体活动。有计划、有组织地开展文化体育活动,并提升村民的参与度、幸福感。

④生活特色。对特色饮食进行传承和发展,积极发展农家乐等乡村旅游和休闲娱乐活动。

（5）支撑保障。

①组织建设。建设基层领导组织，加强土地承包管理、集体资产管理、农民负担管理，有效落实民主选举等制度。

②科技保障。在农业生产过程中运用新技术、新成果，带动农民积极学科技、用科技。

（二）乡村建设执行情况的衡量

对乡村建设执行情况进行衡量，主要包括以下四个步骤。

1.确定标准值

确定乡村建设评价指标体系的标准值，主要依据农业部颁布的乡村建设目标体系中涉及的各个分类目标中可量化可比性项目。将建设目标作为标准值来对乡村建设成效进行衡量和评价。此外，标准值的确定还应参考目前已有的新农村建设效益评价，并且结合新农村建设评价。

2.确定指标权重

指标权重的确定对整个评价指标体系起着重要的作用。在确定指标权重时，首先，对新农村建设政策进行分析，明确乡村建设的重点，以此为依据确定评价指标体系中各指标的权重。其次，结合实践探索的情况，最终确定整个指标体系的权重。

3.指标值处理

对指标数据进行无量纲处理时，其计算步骤如下。

（1）计算各指标的分值，某项指标分值＝实际数/标准值。

（2）计算各指标得分，各指标得分＝各指标分值×权重系数。

（3）得出乡村指标建设程度，乡村指标建设程度＝各指标得分之和。

4.整体执行程度

乡村建设考核评价模型的建立主要是采用加权求和的方法，

以此对乡村建设的执行程度进行综合评价。

二、乡村建设的综合效益分析

对乡村建设的综合效益进行分析主要可从经济效益、社会效益、生态效益三方面入手。

（一）经济效益分析

经济发展是乡村建设的重要基础，从乡村建设过程中取得的经济效益能够了解到乡村建设的程度。下面主要从产业发展、乡村旅游两方面对乡村建设的经济效益进行分析。

1. 产业发展

在乡村建设中，可以利用当地独具特色的物产大力发展经济。例如，福建省永春县的茶叶产业是乡村建设的一个成功案例。永春县积极引进专业人才、先进设备以及市场理念，对现有的茶园和茶叶生产加工进行科学管理，通过创建名优品牌，增加茶叶附加值，提升永春茶叶在国内外市场的竞争力，促进茶叶产业向规模化、专业化、生态化发展，取得了可观的经济效益。

目前，东部沿海等经济相对发达地区的乡村建设逐渐形成了明显的产业优势和特色，这些地区的龙头企业具有良好的发展基础，产业化水平高，农业实现规模经营，农业产业链条不断得到延伸。

2. 乡村旅游

借助乡村原生态的自然资源和独具特色的人文风貌发展乡村旅游业，能够获得良好的经济效益。发展乡村旅游，能够将保护生态和发展经济进行有机结合，依靠本地的资源优势，带动农民创业，拓展农业的发展功能，增加农民的经济收入。

乡村旅游的发展对于控制乡村人口的流失具有重要的意义,通过提供大量就业机会,就地吸纳大量闲置劳动力,有利于带动乡村旅游经济的多元化发展,进而有效改善乡村旅游的经济结构。此外,还有助于完善乡村基础设施,增强生态环境与旅游资源的保护力度,改善乡村社区的景观环境与居民生活环境。

(二)社会效益分析

社会效益分析主要包括生态意识、教育、医疗、服务业等方面。整体而言,通过乡村发展项目的实施,能够有效提升村民素质、增加就业机会、传承文化。

1.提升村民素质

乡村建设对于村民素质的提升具有重要的影响。近些年,在乡村建设中,村民们自觉改掉了乱倒垃圾等恶习,垃圾入箱已经成为村民的自觉行动,保护环境、植树栽花已经成为村民时尚,尊老爱幼、团结互助等社会公德得到弘扬,村民的素质得到很大程度的提升。

2.增加就业机会

相关调查显示,在乡村建设中,一些发展项目的实施,能够增加就业渠道,为村民提供更多的就业机会,解决村民的就业问题,减少乡村人口的流失。

3.传承文化

乡村建设还能够对乡村文化进行继承与发扬。例如,福建省永春县在乡村建设过程中,非常注重对乡村文化的保护和传承,当地一些古村落、古建筑等物质文化遗产得到了保护和传承。

(三)生态效益分析

乡村建设中一些与生态工程相关的项目极大地提高了乡村

生态环境质量，实现了乡村资源开发与生态环境保护的有机结合。

随着生态环境问题的不断出现，乡村建设越来越重视生态保护在社会、经济、政治中所起的作用。良好的生态环境能够有效减少自然灾害发生的可能性，提高抵御自然灾害的能力，促进人类社会的发展。

对乡村建设的生态效益进行分析，具体可依据新农村建设中的生态环境评价指标体系，具体见表 10-1。

表 10-1　乡村建设生态环境评价指标评分表

指标	权重得分	评分标准	评分范围	专家评分
森林生态环境	30	森林覆盖率 50% 以上	26～30	
		森林覆盖率 40%～50% 以上	16～25	
		森林覆盖率 40% 以下	1～15	
农业大气环境	15	四项指标合格	11～15	
		三项指标合格	6～10	
		二项以下指标合格	1～5	
农业水环境	15	六至七项指标合格	11～15	
		三至五项指标合格	6～10	
		三项以下指标合格	1～5	
农业土壤环境	15	六至八项指标合格	11～15	
		三至五项指标合格	6～10	
		三项以下指标合格	1～5	
水土保持环境	25	治理保护率 50% 以上	16～25	
		治理保护率 30%～50%	8～15	
		治理保护率 30% 以下	1～7	
总计得分				

第二节 乡村的发展潜力分析与未来希望

随着国家对新农村建设的大力支持,乡村在经济、政治、文化、教育等方面都表现出极大的发展潜力,并且在新时期展现出一定的时代特色和极具生命力的发展趋势。下面就对乡村的发展潜力与未来希望进行具体分析。

一、乡村的发展潜力分析

对乡村的发展潜力进行分析主要可从乡村的自我发展能力分析、带动作用分析入手。

(一)自我发展能力分析

在乡村建设过程中,不可避免地会遇到各种各样的制约性因素,如产业结构调整、土地资源利用等,这些因素直接影响到乡村建设的进程。这就需要乡村具有一定的自我维持能力,具体表现为经济能力和组织能力。

1.经济能力

经济能力是指在乡村建设中获得利润的能力,既包括利润的创造能力,也包括参与利润分配中获得利润的能力。由于农产品缺乏弹性、乡村基础设施落后、农业产业交易成本高等,农业产业在发展中长期处于劣势。在市场条件下,农业产业、农民难以获得社会平均利润,这极大地阻碍了乡村的发展和建设。当然,利益的分配同样重要,公平的收入和财产的分配有利于促进乡村的发展和贫困的减少。

具体而言,经济发展水平、财政收入、农民收入水平等都是乡村经济能力的表现。乡村经济能力决定了乡村所能获得的效益,在很大程度上是一种乡村发展的潜力。经济能力的提升主要可以采取把握市场需求、组织生产、优化配置资源等方式,进而达到增加产出、产业增收等目的。

2.组织能力

组织能力是指"将可用资源转化为新农村建设投入,并使其发挥最大效益的能力"[①],具体包括投入决策、投入筹集、投入实施、参与机制、激励机制等环节。组织能力是乡村自我发展能力的核心环节,其能否得到提升,主要取决于包括地方基层政府、乡村合作在内的组织体系是否健全。

(二)带动作用分析

对乡村发展潜力的分析还应充分考虑其对周边地区发展的推广带动作用。作为新农村建设的发言人,乡村在发展进程中承担着重要的任务,如实现生产、生活、生态的和谐发展。乡村建设集经济、社会、生态效益为一体,是中国生态农业发展的主要代表者,是农业可持续发展实践的领跑者,在新农村建设中发挥着巨大的示范带动作用。具体而言,乡村的带动作用主要体现在对周边地区的生态、经济和社会的影响三个方面。

1.生态影响

在乡村建设过程中,在生态上采取的一些措施,对周边区域的环境也会产生一定的影响。例如,以村级单位开展的生态环境治理或生态保护等工作,对周围村落环境的改善是十分有利的。

2.经济影响

在乡村建设与发展过程中,推广种植具有地域特色的农产品,能够为周边村庄的农民提供就业机会,实现增收的目的。

---

① 唐珂.美丽乡村建设理论与实践[M].北京:中国环境出版社,2015:201.

3.社会影响

对乡村建设中涌现出的先进人物和事迹进行鼓励和宣传,有利于在社会上营造良好的氛围。

二、乡村发展的未来希望

新时期的乡村建设进入了一个崭新的阶段。随着新农村建设体系的不断完善,在其影响下,一个和谐、发展、可持续的乡村将会出现在人们的眼前。

(一)乡村建设的发展方向

作为一项乡村社会改造的实践活动,乡村建设应如何发展,不同的人有着不同的理解。

"北京绿十字"认为,"随着目前的建立在改造农村基础设施基础上的新农村建设使命的逐渐完成,未来的新农村建设方向应该是侧重农村'精神与乡村文明问题'的建设,于是提出了所谓的'后新农村'的概念"[1]。在他们看来,新农村建设的主要任务是解决农村的基础建设,而后新农村建设则主要是解决精神与乡村文明问题。

随着中国工业化、城市化进程的不断加快,物质文明取得发展的同时,传统的乡村核心价值不断衰落,造成乡村社会中人们的精神和信仰的缺失。在乡村发展中,人们过度追求物质享受,而忽略了道德意识培养,使得人们在自私冷漠中逐渐迷失了自我存在的价值。因此,复兴中国乡村传统的核心文化价值,回归乡村淳朴的民风,应是未来乡村建设发展的方向。

---

[1]　孙君,廖星臣.农理:乡村建设实践与理论研究[M].北京:中国轻工业出版社,2014:301.

（二）乡村建设的未来展望

只有具有创新性和不可替代性，乡村建设才会具有永久的生命力。所谓创新性，是指在乡村建设实践过程中，应对建设的理念和方法不断进行创新，做到与时俱进。所谓不可替代性，是指乡村建设实践思想要具有独立性。因此，在未来发展中，乡村建设应不断进行创新，发挥其不可替代的作用。

新时期的乡村建设已全面启动了新一轮的社会改造，相信在不久的将来，一个懂得共享成果、互助互爱、经济持续发展、社会和谐共生的乡村将会展现在世人面前。

第三节　乡村建设保障及其完善

乡村建设符合国家总体构想，符合社会发展规律，符合农业农村实际，符合广大民众期盼。为保障乡村建设的顺利开展，应建立一套系统的保障措施，从政策、管理、财政、技术等方面入手推动乡村建设扎实、稳步向前。

一、乡村建设的政策保障及其完善

乡村建设离不开政策的大力支持，除了积极落实国家生态文明建设、美丽中国建设的政策外，还要从经济、政治、文化、社会、生态等方面制定具体的政策，为乡村建设提供坚强的政策保障，确保乡村建设的有力执行。

（一）加强政策的落实

政策的执行和落实是乡村建设进程中一个重要的环节，没有良好的政策执行，乡村建设的目标就无法完成。具体而言，政策的落实应从以下几点入手。

1.完善乡村建设的政策体系

乡村建设是一项长期性的历史任务,在政策执行的过程中,要做到以下两点。

(1)政策执行要具有长期性。乡村建设不能短打算,而要长谋划;在落实任务时要根据实际情况,从紧迫的事做起,逐步推进。

(2)对乡村建设的目标进行全面认识。以科学发展观为指导,制订乡村建设目标,促进农业生产发展、人居环境改善、生态文化传承、文明新风培育等。

2.充分尊重农民的主体地位

农民是乡村建设的主体,在建设乡村过程中,应充分调动农民的积极性,具体做到以下两点。

(1)深入群众,多倾听他们的心声,多征求他们的意见,要从他们的实际需求出发,采用民主议事制度来决定应该做什么、怎么做等问题。

(2)让农民在乡村建设中得到实惠。推进乡村建设是一项长期的任务,在发展过程中必须坚持以经济发展为中心,增加农民的经济收入;必须坚持农村基本经营制度,尊重农民的主体地位,对农村体制机制进行创新;必须坚持以人为本,致力于解决农民生产生活中最迫切的问题,让农民从中获得实际利益。

3.创新政策激励方式

通过对政策激励方式进行创新,能够有效激发政策执行人员的积极性,对于乡村政策的实施具有重要的意义。创新政策激励方式,主要可以从以下几点出发。

(1)在乡村政策执行过程中,要在广大党员干部中营造比、学、赶、帮、超的氛围,激发党员干部的责任感、荣誉感和上进心。

(2)强化干部责任制。权责不明确是导致许多基层政策执行人员工作被动的主要原因,因此要强化干部责任制,对失职人员的责任进行严格追究。

（3）创新奖励机制。对那些在工作中有突出表现的执行人员给予相应的奖励。

（4）大力提高农民素质。提高农民素质有利于提升其进行农业生产的能力,有利于减轻农民对国家和政策的依赖。

（二）完善制度建设

乡村建设是一项系统工程,包括农村产业发展、社区建设、生态环境、基础设施、公共服务等多个方面。为实现乡村全面发展,政府需针对不同的领域制定专门的政策作为保障。

1.经济政策建设

在乡村经济建设中,应积极制定相关经济政策,如加大惠农政策力度、拓展优势特色产业、完善生态补偿机制等,以此推动乡村经济健康持续发展。

2.政治政策建设

在乡村政治政策中,首先要强化农民群众的民主意识、政治参与意识,激发他们参与乡村建设的热情;其次,要建立健全乡村基层干部培训制度,通过对基层干部进行教育培训,不断增强其以人为本、依法执政的观念;最后,要健全乡村基层组织的民主决策机制,建立村级民主管理制度体系,加快乡村基层民主政治建设的规范化。

3.文化政策建设

只有繁荣乡村文化,才能更好地推进乡风文明。乡村文化建设应做到因地制宜,结合当地传统习俗、风土人情,展现其独特的人文内涵。政府应积极推行专门政策,加快乡村文化设施和文化队伍建设,加强对乡村文化市场的指导和管理,积极倡导文明健康的乡村文化之风。

4.公共服务政策建设

在乡村社会建设中,政府应积极推行乡村公共服务政策,将乡村公共服务设施建设纳入城乡基础设施建设的优先序列,让农民在教育、医疗、就业等方面享受到改革发展的成果。

二、乡村建设的管理保障及其完善

乡村建设需要有一个完善的体制机制,尤其是乡村基础组织机构,同时还要建立一个充满活力、整个社会积极参与的激励机制,并不断完善基层的民主监督机制,进而提高乡村建设的管理保障能力。

(一)加强管理机构建设

为推动乡村建设进程,首先应抓好乡村基层组织建设。乡村基层组织是乡村建设的重要管理机构,在乡村建设中起着至关重要的作用。因此,要加强乡村管理机构建设,具体应做到以下几点。

(1)充分发挥政府的主导作用。一方面,要加强对村级组织建设的政治领导,大力宣传和贯彻执行党的方针政策,为乡村建设创造一个良好的发展环境。另一方面,要加强对村级组织建设的思想领导,提高基层党员干部自身的思想觉悟,做好群众的思想政治工作,调动人民群众参与乡村建设的积极性。此外,还要加强对村级组织建设的组织领导,通过组织先进的基层干部,共同推进我国的乡村建设。

(2)对村级组织进行明确分工。进行乡村建设,需要建立一个强有力的基层组织体系,各组织机构只有进行明确分工,才有利于推进乡村建设。

(3)加强组织队伍建设。在乡村建设中,要加强对村级党员的教育和培训,提高党员素质,并对其进行管理,通过活动增强党员的责任意识和服务意识。

(二)完善管理机制

完善管理机制,一方面要建立激励机制,激发乡村主体进行乡村建设的积极性;另一方面要完善监督机制,保障政策的落实和村民的权益。

1.激励机制的建立

建立激励机制,主要可以从以下几方面入手。

(1)建立农民就业政策激励机制。作为乡村建设的实践者,农民只有顺利就业,才能不断增加收入。因此,应建立农民就业和增收机制,不断提升农民的积极性。通过发挥地区资源优势、区域经济优势、政策优势,为农民提供广阔的就业平台,降低农民的就业门槛,促进农民工稳定地向产业工人转变。

(2)建立多元主体参与的政策激励机制。乡村建设需要调动乡村多元主体的积极性,通过建立政策激励机制,充分发挥政府的主导作用,提升农民的主体意识和自主能力,并发挥社会力量在乡村建设中的作用。

(3)建立激发农村活力的政策激励机制。在乡村建设过程中,应大力进行改革创新,以激发乡村活力,不断增强建设实力。例如,可以通过加大补贴、构建新型农业经营体系、健全土地确权登记制度等保障农民权益,调动农民的积极性。

(4)建立基层领导干部的政策激励机制。农村基层干部是建设乡村的带头人,基层领导干部的领导直接关系到乡村建设的开展情况,因此,建立基层干部的激励机制至关重要。

2.监督机制的完善

加强乡村民主监督工作是建设乡村的必然要求,我们要在实践过程中,不断提高村民民主意识,不断完善民主监督制度,为管理民主提供制度保障,具体应从以下几方面入手。

(1)进一步健全村务公开制度。目前,在村民自治的实践中已普遍设立了从事监督的村务监督小组,这些小组都是置于村民委员会之下,其大多成员都由村委会成员兼任,因此监督效力常常不足。这就需要对村务公开制度进行完善,凡是群众关心的问题都应该公开,公开前必须提交村民会议审核,做到公开程序规范。

(2)设立村务监督委员会。村务监督委员会通过对村级财务、村干部人事、村支两委职责和责任、基层民主管理等进行强力监督,能够有力保障村民自治中村民的权利等,使村民在自治中真正实现自我服务、自我教育、自我管理。

(3)提高村民的民主法制意识。要加强对普通村民的思想政治教育,培养其法制观念和维权意识,还要加强对村干部的培训,提高干部的整体素质,提升其管理能力。

三、乡村建设的财政保障及其完善

乡村建设离不开强大的资金支持,解决资金问题只靠政府财政资金是远远不够的,还必须完善融资渠道,以获得强有力的资金保障。

(一)加大政府投入

加大政府的资金投入,具体可从以下几点出发。

(1)加大对农村公益性文化事业的资金投入。将公益性文化设施建设费用列入政府的建设计划和财政预算,设立乡村公益性文化事业建设专项资金,保证农村重点公益性文化事业建设项目和设施的经费需求。同时,大力发展农民普遍受益的各种文化设施,以农民需求为导向,满足现代农民的文化需求。

(2)加大对基础设施的投入力度。一方面,要加强乡村大型工程项目建设,如水利工程等;另一方面,要加强乡村中小型的基础设施建设,如农村道路等。

(3)加大对农村社会保障的投入力度。根据乡村发展的实际情况,不断完善社会救助和社会保障体系,这是解决民生问题的需要,更是建设社会主义新农村的需要。因此,在农村建设过程中,应关注农民问题,保障农民权益。

(二)完善融资渠道

各项建设事业的顺利开展都离不开资金的支持,因此,在乡村建设中,除了充分发挥政府投资的先导作用外,还应积极拓宽融资渠道,具体应做到以下几点。

1.优化民间投资环境

各级地方政府应出台相关的政策制度,积极优化民间投资行为,为其营造良好的环境。

2.加强信息平台建设

信息平台建设具体包括加快乡村建设相关信息的网络和发布渠道,对有关信息进行定期发布。

3.大力扶持民营企业

民营经济在推动国家发展中发挥着重要的作用,国家应全面激发群众的创业热情,放宽经营条件,加强创业扶持,推动民营企业的发展,进而为乡村建设提供有力的资金保障。

4.发展农村资本市场

通过资本市场筹资,将一部分城市居民手中分散的资金汇集起来,转化为乡村建设的资本。

5.建立资金回流机制

农村资金本来就短缺,每年还大量流向城市。因此,建立资金回流机制,合理利用经济手段和行政手段引导农村资金高效率地转化为农村投资,引导资金回流农村。

6.扩大利用外资规模

对外资的利用,不仅仅包括引入国外资金,同时还要引入国外先进的科技成果、建设经验等。

四、乡村建设的技术保障及其完善

乡村建设需要有现代化的科技支撑,通过跨学科协作,推进农业科技创新与推广,重视农业科技成果转化以及加强农民意识和技能培训,提高现代化农业技术保障能力,带动农民致富,促进农业发展。

(一)保障农业技术的推广与应用

基层农技推广体系是实施科教兴农战略的重要载体,是推动农业科技进步的重要力量,是建设现代农业的重要依托。加快推进农业科技创新与推广,大力推动农业科技跨越发展,对于促进农业增产、农民增收、农村繁荣、建设美丽乡村具有深远意义。

为进一步加强农业技术推广工作,着力构建农业技术推广体系,近年来农业部不断加强基层国家农技推广机构建设,引导农业科研教学单位成为公益性农技推广的重要力量,大力发展经营性推广服务组织,加快构建以国家农技推广机构为主导,农业科研教育单位、农民合作社、涉农企业等广泛参与的"一主多元"的农业技术推广体系。

(二)完善农民技能

农民是乡村建设的主体,为保障乡村建设的顺利开展,应不断完善农民的技能,具体可从以下几方面入手。

1.转变农民观念,提升农民素质

农民的观念及素质对乡村建设的开展有着重要的影响,落后的观念将会阻碍我国乡村建设的进程。因此,应注重农民思想观念与民主法制意识的提升。通过多元化的乡村文化建设,树立起农民在技能培训方面的文化氛围,调动农民在技能培训方面参与的主动性与积极性。

2.构建农民技能培训机制

农民技能培训是一项惠及农民、高校、企业乃至全社会的事业。因此,政府应加大资金投入,并对各种类型的培训资源进行整合,加强培训管理。此外,政府还应建设以提高农民技能培训为导向,鼓励民间培训机构平等参与的新机制,并创造良好的环境促进不同类型培训主体之间的平等竞争。

3.创新农民技能培训模式

技能培训既要满足农民的需求,同时还要符合市场发展的要求,只有这样,经过培训的农民才能发挥自身的价值。因此,在培训的过程中,培训机构应关注当今社会发展所需要的技能,再根据市场的需要,结合农民的具体情况,设计出既适应社会发展,又符合农民需求的培训方案。

4.建立健全农民技能培训的政策法规

建设良好的农民技能培训管理体制,政府应不断完善相关法律制度,进而营造良好的外部环境。

参考文献

[1]孙君,廖星臣.农理:乡村建设实践与理论研究[M].北京:中国轻工业出版社,2014.

[2]杨山.乡村规划:理想与行动[M].南京:南京师范大学出版社,2008.

[3]洪大用,康晓光.NGO扶贫行为研究[M].北京:中国经济出版社,2001.

[4]唐珂,等.美丽乡村建设理论与实践[M].北京:中国环境出版社,2015.

[5]刘志,耿凡.现代农业与美丽乡村建设[M].北京:中国农业科学技术出版社,2015.

[6]杜娜.美丽乡村建设研究与海南实践[M].北京:科学技术文献出版社,2016.

[7]李庆本.国外生态美学读本[M].长春:长春出版社,2010.

[8]金兆森.农村规划与村庄整治[M].北京:中国建筑工业出版社,2010.

[9]章元善,许仕廉.乡村建设实验:第一集[M].北京:中华书局,1934.

[10]毛泽东.毛泽东文集:第一卷[M].北京:人民出版社,1993.

[11]孙君,王佛全.五山模式:上[M].北京:人民出版社,2006.

[12]孙君.农道[M].北京:中国轻工业出版社,2011.

[13]许月明,等.农村土地利用[M].北京:中国农业出版社,2009.

[14]叶梁梁.新农村规划设计[M].北京:中国铁道出版社,2012.

[15]朱朝枝.农村发展规划[M].2版.北京:中国农业出版社,2009.

[16]田建文,等.村庄改造、整治与保护[M].北京:中国农业出版社,2009.

[17]廖启鹏,等.村庄布局规划理论与实践[M].武汉:中国地质大学出版社,2012.

[18]农业部软科学委员会办公室.现代农业与新农村建设[M].北京:中国财政经济出版社,2010.

[19]唐洪兵,李秀华.农村生态环境与美丽乡村建设[M].北京:中国农业科学技术出版社,2016.

[20]马虎臣,马振州,程艳艳等.美丽乡村规划与施工新技术[M].北京:机械工业出版社,2015.

[21]赵德义,张侠.村庄景观规划[M].北京:中国农业出版社,2009.

[22]花明,陈润羊,华启和.新农村建设:环境保护的挑战与对策[M].北京:中国环境出版社,2014.

[23]洪如林.人口科学[M].北京:高等教育出版社,2003.

[24]李燕平,涂乙冬.新型农民开发与新农村建设[M].武汉:武汉大学出版社,2012.

[25]黄映辉,等.如何搞好乡村文化建设[M].北京:中国农业出版社,2011.

[26]刘强,等.装点美丽的精神家园:社会主义核心价值体系与乡村文化建设[M].桂林:广西师范大学出版社,2011.

[27]杨复兴.中国农村养老保障模式创新研究:基于制度文化的分析[M].昆明:云南人民出版社,2007.

[28]庹国柱,王国军.农业保险与农村社会保障制度研究

[M].北京:首都经济贸易大学出版社,2002.

[29]王乐杰,沈蕾.城镇化视阈下的新型职业农民素质模型构型[J].西北人口,2014(3).

[30]侯耀东.浅析人口预测方法及其应用[J].文学界(人文),2008(8).

[31]暴奉贤.人口预测方法[J].未来与发展,1981(4).

[32]高建勋.农村人力资本流失对农业经济发展的影响及对策[J].安徽农业科学,2004(6).

[33]盛文明.浅谈我国农村人口年龄结构问题及对策[J].赤子(中旬),2013(7).

[34]刘清芝.中国农村人口结构综合调整研究[D].东北农业大学博士论文,2007.

[35]梁淑轩,高宁,王大陆.对小城镇环境规划编制的几点思考[J].中国环境管理干部学院学报,2012(6).

[36]邹县委.不同地貌区农村居民点用地规模及景观格局动态变化研究[D].山东农业大学硕士论文,2012.

[37]温铁军.非不能也,而不为也——温铁军畅谈三农问题[J].发展,2004(11).

[38]童索凡,高静,贾翔.乡村旅游开发与新农村建设的互动保障[J].武汉商学院学报,2014(3).

[39]黄曦红.湘乡市"美丽乡村"建设模式及效益评价[D].湖南师范大学硕士论文,2016.

[40]任远.农村人口结构失衡　人口迁移流动性壁垒亟待破除[N].中国社会科学报,2014-1-17.

[41]吴为.中国农村留守儿童达902万　36万无人监护[N].新京报,2016-11-9.

[42]张兴军.农业院校"离农"现象调查:新型农民培养为何遇冷[N].半月谈,2008-1-23.